중화학공업기술교재 ⑨

공정 관리 시험·원가 절감

|산업훈련기술교재편찬회 편|

도서출판 세화

머리말

　경제 개발 5개년 계획과 중화학 공업 육성으로 우리나라의 화학 공업은 급속도로 발달하여 세계 속에 중화학 공업국으로 발돋움하고 있는 이때에 우수한 기능공이 절실히 요구되고 있음은 물론, 보다 안전하고 능률적인 조업이 시급한 실정임을 간파하여 이 교재를 편찬하게 되었다.

　이 교재는 세계에서 유명한 GULF사가 사내 조업 기술 훈련 교재로 개발한 화학 공장 조업을 위한 교재이다.

　이 교재는 현재 우리나라에서도 유수한 화학 공장에서 사용하여 좋은 성과를 거둔바 있는 일명 PILOT 교재란 이름이 붙은 우수한 교재이다. 이 교재의 특성은 주입식, 문답식, 도설로 되어 있으므로 누구나 쉽게 숙련할 수 있게 편집되었다.

　이 교재 출간으로 중화학 공업 발전에 기여할 수 있는 계기가 되기를 바라는 마음 간절하며 교재 편찬에 수고해 주신 여러분께 심심한 감사를 드리는 바이다.

차례

제1편 공정 관리 시험

01장_공정 관리 시험 서론 … 3

1. 왜 시험을 하는가? … 4
2. 무엇으로 시험을 하는가? … 6
3. 언제 시험을 하나? … 7
4. 시험을 어떻게 이용하는가? … 8
5. 어떻게 좋은 시료를 채취할 수 있는가? … 12
6. 스폿 시료 및 컴포지트 시료 … 14
7. 공정 관리를 위한 시험 결과의 이용 … 15
8. 어디에 시료를 담는가? … 16
9. 시료 및 시료 꼬리표에 대한 식별 … 19
10. 어떻게 시험 결과는 통보되는가? … 21
11. 시험 결과는 얼마나 정확한가? … 23
12. 시험은 어떻게 서로 다른가? … 35
13. 복습 및 요약 … 38

02장_물리적 성질에 대한 시험 … 41

1. ASTM 증류 실험 … 46
2. 어는 점으로부터 순도를 측정하는 법 … 51
3. 증기압 실험 … 54
4. 인화점 및 발화점 … 56
5. 시료의 점도 실험 … 59
6. 밀도 및 비중 시험 … 64
7. 복습 및 요약 … 70

03장_불순물에 대한 시험 … 71

1. 하부 침전물 및 물에 대한 시험 ·· 73
2. 추출에 의한 연료유의 침전물 ·· 75
3. 회분, 코크스 및 검에 대한 시험 ······································ 76
4. 운점 및 유동점 ··· 79
5. 유황 측정 시험 ··· 81
6. 유황에 대한 닥터 시험 ·· 82
7. 동판 부식 시험 ··· 83
8. 중화가에 의한 산 및 수산화물의 시험 ····························· 84
9. 시료의 외양 시험 혼탁 ·· 85
10. 석유 제품의 색상 시험 ··· 86
11. 복습 및 요약 ·· 88

04장_제품 품질의 결정을 위한 제품 조성의 이용 … 89

1. 포화 및 불포화 탄화수소 ··· 101
2. 환상 및 쇄상 화합물 ·· 104
3. 탄화수소의 성질은 제품 품질에 어떤 영향을 미치는가?
   ·· 111
4. 탄화수소의 형태를 알기 위한 브로민 시험의 이용 ········ 113
5. 열분해 유분의 품질을 결정하기 위한 아닐린점의 이용 ·· 115
6. 탄화수소 확인을 위한 빛의 이용 굴절률 ······················· 118
7. 증기 터빈 오일의 품질 시험 ·· 121
8. 모터 및 디젤 연료유의 품질 시험 옥탄가 ····················· 123
9. 세탄가 ··· 126
10. 색채 안정성 시험 ·· 127
11. 복습 및 요약 ··· 128

제2편 원가 절감

01장_원가 절감 ... 133

1. 어떻게 하면 훌륭한 조업원이 될 것인가? 134
2. 연료의 낭비 방지 137
3. 수증기의 낭비 방지 149
4. 열손실 방지 160
5. 안전 라인의 누출로 인한 낭비 방지 163
6. 동력의 낭비 방지 165
7. 예방 보전 167

PART 01

공정 관리 시험
(Process Control Test)

제1장 공정 관리 시험 서론
  (An Introduction to Process Control Test)
제2장 물리적 성질에 대한 시험
  (Testing for Physical Property)
제3장 불순물에 대한 시험
  (Testing for Impurity)
제4장 제품 품질의 결정을 위한 제품 조성
  (Composition)의 이용

CHAPTER 01

공정 관리 시험 서론
(An Introduction to Process Control Test)

"공정 관리 시험(Process Control Test)"은 조업원에게 공정 관리 시험이 양질의 제품을 생산하는 데 도움을 주기 위하여 어떻게 사용될 것인가 하는 관심을 제공하기 위하여 설계되었다. 이 계획은 여러분들이 보다 보편적인 시험과 친숙하도록 만들 것이다. 즉, 그것이 무엇이고, 언제 그들이 사용되고 또 그 시험 결과가 무엇을 의미하는가 하는 것들이다.

제1장에서는 우리가 왜 제품에 대한 여러 가지 종류의 실험을 하게 되고, 어떻게 하여 좋은 시료를 채취하고 또 실험 결과를 분석해야 하는가를 배우게 될 것이다.

1. 왜 시험을 하는가?

001 빽빽한 기름은 보통 묽고 흐르기 쉬운 기름보다 좋은 윤활 작용을 한다.
기체 베어링 윤활 작용을 위하여는 (빽빽한/묽은) 기름을 사용한다.

002 묽고 흐르기 쉬운 기름은 곧 흘러버리게 된다.
따라서 기계는 불충분한 _____ 때문에 손상을 입게 된다.

003 베어링에 대한 계속적인 점검으로 이것이 적당하게 윤활 작용을 받고 있다는 것을 확인할 수 있다.
좋은 윤활 작용을 확인할 수 있는 보다 좋은 방법은 기름을 사용 (전/후)에 품질을 검사하는 것이다.

004 석유 공업에 있어서 경영측은 제품에 대한 기준(Standard)또는 규격(specification)을 정한다.
윤활 작용을 하리라는 조업원의 정확한 확인은 그것이 윤활유에 대한 회사 _____에 맞는다는 지식이다.

005 공정 관리 시험은 품질을 검사하는 것이다.
회사는 제품이 _____에 맞는지의 여부를 검사하기 위하여 실험을 하게 된다.

006 우리는 그들 성질에 따라서 어떤 물질인가를 구분한다. 예를 들면, 부드럽고 단단한 것은 대개 (금속/가스)의 성질이다.

답 1. 빽빽한 2. 윤활 작용 3. 전 4. 규격 5. 기준 6. 금속

007
석유 제품은 그들의 성질에 따라서 구분된다.
예를 들면, 아스팔트는 대개 뻑뻑하고 검은색을 가지고 있다.
색상과 뻑뻑한 것은 어떤 석유 제품의 _____이다.

008
대기압에서 물은 항상 212°F에서 끓는다.
어떤 액체의 _____은 이것의 성질 중의 하나이다.

009
소비자는 그들의 성질을 보아서 품질을 평가한다.
엔진의 노킹이 일어나는 가솔린은 _____질이다.

010
규격은 가솔린의 옥탄가를 90~100 사이의 수치를 갖도록 규정한다.
가솔린의 옥탄가를 측정하기 위해서는 가솔린을 실험실에서 _____ 해야 한다.

011
규격이 98~100이고 가솔린의 옥탄가 측정값이 99라면, 그 제품은 규격에 (맞는다/맞지 않는다).

012
가솔린의 노킹은 흔히 있는 (일이다/일이 아니다).

013
규격은 일정 온도에서 어떤 액체의 증기압을 40~50PSI가 되도록 규정하고 있다.
증기압은 ___①___PSI보다는 높고 ___②___PSI보다는 낮아야 한다.

014
증기압이 47PSI일 때 규격에 (맞는다/안 맞는다).

답 7. 성질 8. 끓는점 9. 저 10. 실험 11. 맞는다 12. 일이 아니다 13. ① 40 ② 50
14. 맞는다.

2. 무엇으로 시험을 하는가?

015 수요자가 매우 뻑뻑한 윤활유를 요구한다고 하자. 당신은 시료를 보고 "이것이 충분히 뻑뻑할 것 같습니다"라고 말한다.
당신은 당신의 판단을 확신할 수 (있다/없다).

016 그 윤활유가 지나치지 않을 정도로 뻑뻑하다는 것을 확인하기 위해서는 _____을 해야 한다.

017 계기(Instrument)는 공정 시험을 하기 위하여 사용된다.
계기를 사용하면 우리들의 육감보다 (더/덜) 정확히 측정할 수 있다.

018 당신이 실험에 사용한 계기에 고장이 났다고 가정하면, 당신의 실험 결과는 믿을 수 (있다/없다).

019 좋은 실험은 조업 조건을 결정하는 데 도움을 주기 위한 가치 있는 방편이다.
어떤 부정확한 실험은 대개 _____을 하지 않는 것보다 나쁜 결과를 가져온다.

답 15. 없다 16. 실험 17. 더 18. 없다 19. 실험

3. 언제 시험을 하나?

20 수요자가 베어링 윤활유를 사용하고 또 사간다고 한다면 그는 아마도 살 때마다 (같은/다른) 제품을 원하게 될 것이다.

21 당신의 공정에서 항상 양질의 윤활유를 생산하고 있는 것을 확인하기 위해서는 (가끔/자주) 실험을 해야 한다.

22 당신의 회사에서 항공 회사에 항공유를 공급한다면, 그들은 아마도 매번 사용할 때마다 (같은/다른) 연료유를 사용하기를 원할 것이다.

23 따라서 당신은 연료유의 품질을 (정기적으로/가끔) 실험을 해야 한다.

24 조업을 알맞게 하여 규격에 맞는 제품을 계속적으로 생산하기 위해서는 실험을 (정규적인/불규칙한) 계획에 따라서 시행해야 한다.

답 **20.** 같은 **21.** 자주 **22.** 같은 **23.** 정기적으로 **24.** 정규적인

4. 시험을 어떻게 이용하는가?

025 실험은 공정 지역에서나 또는 실험실에서 시행하게 된다.

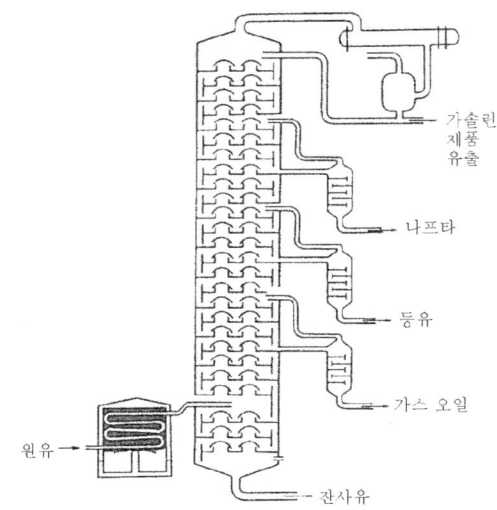

어떤 실험은 보통 다음 사항에 대하여 수행된다.
A. 제유 공정에서 채취한 시료에 대하여
B. 모든 공정 제품에 대하여

026 한 제품이 수요자의 규격에 맞기까지는 여러 가지의 공정을 거쳐야만 할 것이다.
어떤 공장에 맞도록 되어 있는 규격은 보통 다음 규격을 포함하게 된다.
A. 모든 완성 제품의 규격들
B. 이 특별한 공장에서 조정되는 특성에 한하여

027 등유 유분의 시료가 증류 규격에 합격된다고 한다.

---

25. A 26. B 27. 다음 공정의 처리를 위하여 다른 유닛으로 보내져야 한다

제1장 | 공정 관리 시험 서론(An Introduction to Process Control Test) 9

처리 및
마무리를 위한
등유 증류액

원유 →

다음 등유 유분은 계속해서 정유될 것이므로, 이것은 (판매할 수 있다/다음 공정에서 처리하기 위하여 또 다른 유닛으로 보내져야 한다).

28 유닛 X는 그 공정을 거치는 동안 등유의 API 비중을 변화시키지 않는다. API 비중은 유닛 X의 규격 중의 하나로 포함시킬 필요가 (있다/없다).

29 일반적으로 완제품의 규격에 포함되어 있는 규격의 종류는 중간 제품보다 (많다/적다).

30 어떤 제품들은 한 유닛에서 특별 처리가 필요하다. 예를 들면 오일에 대한 산 처리가 된다. 이 유닛에서 (산성/API 비중)에 대한 실험이 필요하다.

답   **28.** 없다   **29.** 많다   **30.** 산성

31 당신을 펜탄을 생산하는 유닛의 조업원이라고 생각하자.
펜탄에 대한 규격은 종류점(End Point : EP)이 90~100°F로 규정되어 있다.
펜탄이 규격 범위 내에 들어가는지의 여부를 보려면 당신은 펜탄 시료에 대한
_____을 하여야 한다.

32 실험 결과 그 시료의 EP가 98°F였다.
그 제품은 규격에 (합격이다/불합격이다).

33 어떤 특별한 원유에 다음과 같은 성분이 포함되어 있다고 하자.
원유-나프타, 등유, 가스 오일, 잔사유
당신은 (그것을 관찰하고서/실험에 의해서) 어느 정도의 등유가 그 원유 속에 들어 있는지를 말할 수 있다.

34 원유 정유공장에서 보다 많은 등유를 생산해야만 한다고 하자.
당신은 등유의 함량이 (높은/낮은) 원유를 원료유(Feed)로 사용해야 한다.

35 원유 평가 분석(Crude assay)은 원유의 성분이 무엇이고 그 각각의 성분의 함량이 얼마인가를 보여 주는 것이다.
원유가 많은 양의 등유를 생산하겠는지의 여부를 결정하기 위하여 원유_____ 실험을 한다.

---

31. 실험 **32.** 합격이다 **33.** 실험에 의해서 **34.** 높은 **35.** 평가 분석

36 평가 분석 결과는 다음과 같다.

	원유 A	원유 B
나프타	20%	10%
등유	15%	25%
가스 오일	55%	50%
잔사유	10%	15%

원유 (A/B)는 보다 많은 등유를 생산할 수 있다.

37 원유 평가 분석은 그 원유의 _____에 대한 적합성 여부를 나타낸다.

---

36. B **37.** 시설, 공정 또는 유닛

5. 어떻게 좋은 시료(Sample)를 채취할 수 있는가?

38 좋은 실험 결과를 얻으려면 시험원은 _____ 실험기를 사용할 필요가 있다.

39 그는 또한 실험할 좋은 시료가 필요하다.
만약 시료가 오염이 되었다고 하면, 그 실험 결과는 조업원에게 (필요하다/무용하다).

40 어떤 시료를 탑의 측류(Side stream)에서 취해야 하는데 실제로 탑정류

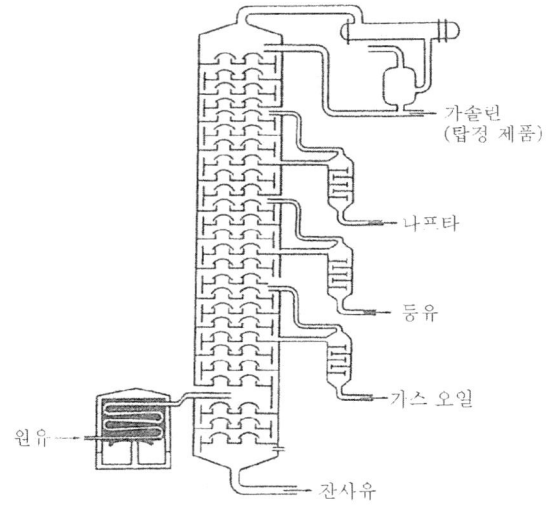

(Overhead stream)에서 뽑았다고 한다면, 측류는 탑정(Overhead)과 그 성분이 (같다/다르다).

41 그 실험 결과는 그 시료가 잘못된 _____로부터 채취되었으므로 사용 가치가 없다.

📖 38. 정확한 39. 무용하다 40. 다르다 41. 장소

42 만약 어떤 시험원이 탑정 시료(Overhead sample)를 잘못 표시하여 측류라고 기록한 것을 받는다면, 그는 아마도 그 실험을 하기 위하여 _____된 실험 기구를 선택하게 될 것이다.

43 그가 인화점 실험을 하려고 한다고 하자.
그는 인화점이 약 115°F라는 것을 짐작하고 있는 데 비하여, 그 시료는 실내 온도에서 타 버리게 된다.
이때에는 _____가 발생하게 될 것이다.

44 정확히 표시되지 않은 시료는 _____ 위험이 있다.

45 잘못 표시된 시료에 대한 실험 결과가 공정 지역에 통보되었다면 조업은 잘못된 실험 결과에 의하여 공정을 _____하게 될 것이다.

46 제품 시방(규격)에 (맞을 것이다/맞지 않을 것이다).

47 당신의 공정에서 나프타를 생산하고 있을 때 계기의 압력이 계속 증가되고 있다면 당신은 아마도 나프타의 EP가 아직도 440~450°F인가를 확인하려고 할 것이다.
이때 당신이 먼저번 실험시에 남은 약간의 등유가 든 시료병을 그대로 들고 시료를 채취하여 실험 요청을 했다면 당신은 (정확한/정확하지 못한) 실험 결과를 얻게 된다.

---

42. 잘못 43. 폭발, 화재 또는 사고 44. 안전 화재 45. 조정 또는 변경
46. 맞지 않을 것이다 47. 정확하지 못한

6. 스폿 시료 및 컴포지트 시료 (Spot and Compsite Sample)

48 스폿 시료는 시료를 채취할 때 그 순간적인 제품에 대한 성상을 나타내는 것이고 컴포지트 시료는 보다 오랜 _____의 제품에 대한 성상을 표시하는 것이다.

49 당신이 어떤 시프트에서 매 시간 1Quart의 시료를 취하여 모두 여덟 Quart를 한 개의 병에 모아 놓았다.
당신은 (스폿/컴포지트) 시료를 만든 것이다.

50 어떤 8시간의 컴포지트 시료가 필요하다.
어떤 조업원이 오전 7시부터 오후 4시까지 매 시간마다 1Quart를 취해야 한다.
그는 오후 3시에 커피를 들고 시료를 취할 것을 잊었다.
그 시험원은 정확한 대표적인 컴포지트 시료를 (취했다/못 취했다).

51 시료 라인은 먼저 시료를 샘플링할 때 모은 액체를 포함하고 있을 것이다.
현재의 조업원에 대한 대표적인 시료임을 확인하기 위하여 그 라인에 들어 있는 제품을 충분히 뽑아 버리고 난 뒤에야 비로소 그 시료가 _____의 제품을 대표한다고 확신할 수 있다.

52 시험원은 한 번 이상의 실험을 해야 할 경우에 그 시험원으로 하여금 모든 필요한 _____을 할 수 있도록 충분한 시료를 취해야 한다.

---

48. 시간   49. 컴포지트   50. 못 취했다   51. 현재   52. 실험(복수)

7. 공정 관리를 위한 시험 결과의 이용

53 보통 당신이 유닛을 정상으로 끌어올리는 것이 필요치 않는 한 이상이 있는 것을 알고 있을 경우에는 시료를 취하지 않는다.
유닛에 이상이 있을 때, 당신은 이미 그 제품이 틀림없이 규격에 (맞는다/맞지 않는다)는 것을 알고 있다.

54 높은 온도에서 분류된 나프타는 낮은 온도에서 분류된 나프타보다 높은 비등 범위(Boiling range)를 갖게 된다. 당신은 유닛이 규격에 벗어난 것을 알지만 얼마나 벗어났는지는 모른다. 그때 당신은 _____을 요청하게 된다.

55 실험 결과 다음과 같다.

EP 시방 (규격)	실험 결과
420~460°F	455°F

이때 당신은 너무 (높은/낮은) 온도에서 분류하고 있다는 것을 알게 된다.

56 당신은 온도를 _____ 할 수 있도록 조정해야 한다.

답 53. 맞지 않는다 54. 실험 55. 높은 56. 낮게

8. 어디에 시료(Sample)를 담는가?

57 오염을 방지하기 위해서는 _____ 용기를 사용해야 한다.

58 금속 용기의 접착 부분을 수지로 사용했을 경우에 이것이 용해되어 시료를 _____시킨다.

59 용기는 시료에 적합해야 한다.
쉽게 증발할 수 있는 용액은 뚜껑이 열린 용기에 (취한다/취하지 않는다).

60 증기압이 높은 시료는 유리 용기에 (취한다/취하지 않는다).

61 태양 광선은 어떤 물질을 변화시킬 수 있다.
어떤 시료가 태양 광선에 의해서 변화될 수 있다면 금속 용기 또는 (투명/불투명) 용기를 사용한다.

62 어떤 산은 금속을 용해시킨다.
산은 _____ 용기에 넣어서는 안 된다.

63 시료의 양이 (많을/적을) 경우에는 금속 용기가 유리 용기보다 더욱 편리하다.

---

57. 깨끗한 58. 오염 59. 취하지 않는다 60. 취하지 않는다 61. 불투명 62. 금속
63. 많을

제1장 | 공정 관리 시험 서론(An Introduction to Process Control Test) 17

64 시료 용기는 열고 닫을 수 있게 되어 있다.

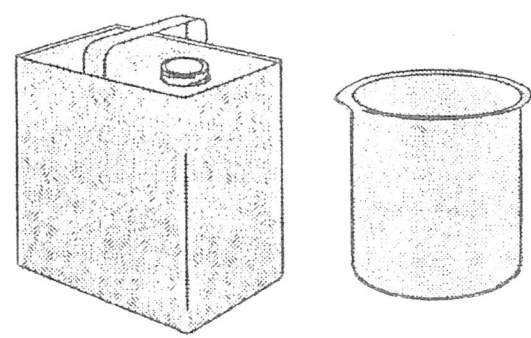

당신이 용기의 뚜껑을 열게 되면 그 속에 담긴 시료는 _____에 노출하게 된다.

65 뚜껑이 열려 있는 용기에는 가연성이 높은 시료나 쉽게 증발할 수 있는 시료를 담아서는 안 된다.

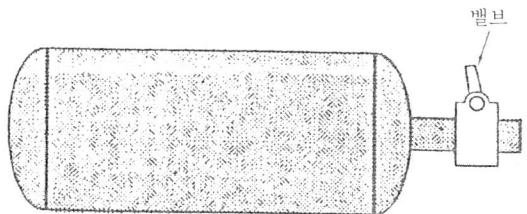

시료 봄베(Sample bomb)는 일반적으로 (가스나 증발하기 쉬운 용액/중질유)에 사용된다.

66 시료 봄베는 또한 그 시료가 _____ 중에 노출되어서는 안 될 경우에 사용된다.

67 다음 사항을 고찰하자.
① 낮은 증기압의 액체로서 그 양이 많을 경우에는 (시료 봄베/금속통)을 사용한다.
② 고체 시료는 (유리병/마분지 상자)를 사용한다.
③ 증기압이 높은 가스 또는 액체는 (시료 봄베/유리병)를 사용한다.

📖 **64.** 대기 또는 공기 **65.** 가스나 증발하기 쉬운 용액 **66.** 공기 **67.** ① 금속통
② 마분지 상자 ③ 시료 봄베 ④ 투명 ⑤ 불투명, 호박색 병

④ 광선에 의한 영향을 받지 않는 액체나 또는 그 시료가 선명하게 보여져야 할 경우에는 (투명/불투명, 호박색) 유리병을 사용해야 한다.

⑤ 태양 광선에 의하여 분해되는 저증기압 액체는 (투명한 병/불투명, 호박색 병)을 사용한다.

068 어떤 시료를 어떤 용기에 넣어야 하는지 지적하여라.

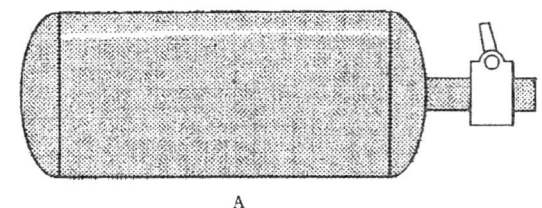

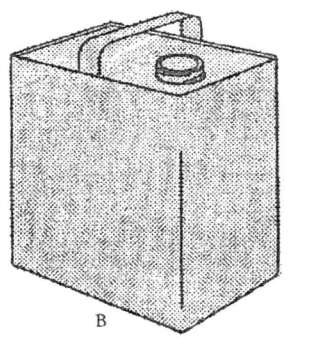
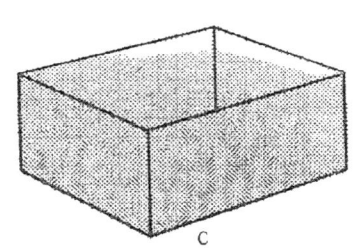

분말로 된 촉매 ___①___
2갤런의 가솔린 ___②___
고압 부탄 가스 ___③___

---

68. ① C   ② B   ③ A

9. 시료 및 시료 꼬리표에 대한 식별

69 시료를 담을 때에 시료는 정확히 분별되어야 한다. 시료에 정확한 꼬리표를 다는 것을 지연시키면 그만큼 잘못된 정보를 제공하게 되는 기회를 증대시키는 결과가 되며, 또는 중대한 사항을 _____하게 되는 결과가 된다.

70 일반적으로 인쇄된 시료의 꼬리표는 중요 항목이 기록될 수 있도록 만들어져 있다.

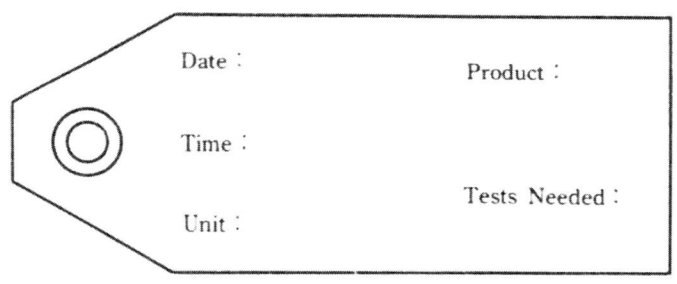

위의 꼬리표는 시험원이 알아야 할 모든 사항을 (주고 있다/주지 않고 있다).

71 조업원이나 시험원이나 모두 정확한 실험 결과를 얻는 데 필요한 그들의 일을 올바로 하여야 한다. 올바른 시료를 정확한 지점에서 채취하여 식별하고 올바른 곳으로 보내는 일은 _____이 할 일이다.

72 시료를 실험하기 위하여 보내기 전에 잘못을 저지르지 않기 위하여 다음 사항을 점검하여라.
　① 그 시료가 정확한 위치에서 채취되었는가?
　② 시료 라인은 충분히 플러싱되었는가?

답　69. 망각　70. 주지 않고 있다　71. 조업원　72. 조업원

③ 그 시료가 적합한 종류의 용기에 채취되었는가?
④ 그 용기가 깨끗한가?
⑤ 그 시료가 정확히 분류되고 실험을 하고자 하는 항목들이 꼬리표에 명시되었는가?
⑥ 필요한 실험을 하는 데 충분한 시료의 양을 채취했는가?
잘못을 피하기 위해서는 (조업원/시험원)은 이와 같은 위 점검표(Check list)를 따라야 한다.

73 만약 유닛에 이상이 없을 때 정확히 시료를 취하고, 그 시료에 대한 실험 결과가 비정상이라면 당신은 다음 사항 중 하나를 선택해야 한다.
 A. 시험원에게 그 내용을 묻는다.
 B. 조업 변경을 시킨다.
 C. 당신이 잘못했다고 간주한다.

74 당신의 모든 시설 기구가 안정되고 유닛이 정상적인 기능을 나타낸다고 하자. 실험 결과가 비중이 73°API이다. 그러나 당신의 데이터에 의하면 비중이 63°가 되어야 한다면 당신은 다음 중 어떤 것을 택하겠는가?
 A. 그 실험 결과에 의하여 유닛을 조정한다.
 B. 다시 실험을 의뢰한다.

답 73. A 74. B

10. 어떻게 시험 결과는 통보되는가?

75 규격은 일반적으로 어떤 제품이 제한된 규격 범위 안에 들어오도록 되어 있다.
예를 들면 가솔린의 규격은 옥탄가를 98~100 범위로 규정하고 있다.
실험 결과 옥탄가가 99라면, 그 시료는 그 제품의 규격 범위 안에 (있다/있지 않다).

76 그 규격이 어떤 경우에는 한쪽만을 제한할 때도 있다.
규격표가 API 비중을 40.5°API보다 낮지 않게 규정하고 있다면 (NLT 40.5°API) 그 제품의 허용 범위는 (40.5~50.5 범위이다/40.5 이상이면 된다).

77 규격표가 API 비중을 49°API 이하로 요구한다(NMT 49°API)고 하자.
실험 결과 47°API라면 이것은 받아들여질 수 (있다/없다).

78 모든 규격들은 숫자만으로 표시되지는 않는다.
유황분이 있어서는 안 될 실험은 그 결과를 사워(Sour) 또는 스위트(Sweet)로 표현한다.
그 제품이 유황분을 함유하고 있을 때 그 실험 결과는 (스위트/사워)로 보고된다.

79 NLT 규격의 의미 : ____①____
NMT 규격의 의미 : ____②____

80 다음 중 어떤 것이 이상과 이해의 한계를 요구하는 규격인가 ?
 A. NLT 340°F
 B. NMT 515°F
 C. 348~410°F

📋 75. 있다 76. 40.5 이상이면 된다 77. 있다 78. 사워 79. ① 이상 ② 이하
80. C

081 유황분(Sour or Sweet)이 있어서는 안 될 실험 결과는 숫자표 표시(된다/되지 않는다).

082 정제된 유류의 규격이 다음과 같다.

제품	성질	규격
정제된 유류	초류점 : °F	NLT 340
	종류점 : °F	NMT 490
	인화점 : °F	NLT 120
	비중 : °API	NLT 46

온도는 (화씨/섭씨)로 측정한다.

083 시험원은 어떤 실험 도구를 사용해야 하는지 알 필요가 있다.
예를 들면 섭씨 온도계는 화씨 온도계와 같은 수치를 (나타낸다/나타내지 않는다).

084 다음 규격표는 두 가지 제품에 대한 규격을 표시하고 있다.

	가열로유	등유
인화점 Tag Closed Cap	NLT 120	NLT 120
초류점 °F	–	330~70
10% 증류점 °F	348~410	–
95% 증류점 °F	NLT 465	–
종류점 °F	NLT 550	NMT 515
비중 °API	NLT 42	NLT 40.5
닥터 실험	스위트	스위트
외관	투명	투명

당신의 유닛에서는 API 비중이 35API인 등유를 생산하고 있다.
당신은 API 비중 규격에 맞추고 (있다/있지 않다).

답 81. 되지 않는다   82. 화씨   83. 나타내지 않는다   84. 있지 않다

11. 시험 결과는 얼마나 정확한가?

85 두 사람이 다음 나무 토막의 길이를 잰다고 하자.

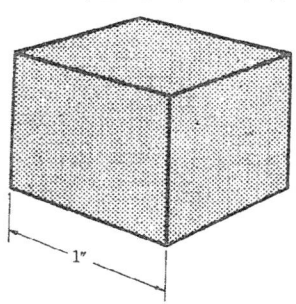

첫 번째 사람은 1인치였고 다음 사람은 1.5인치였다.
(첫 번째/두 번째) 사람이 더 정확히 측정하였다.

86 우리가 무엇을 시험할 때 우리의 측정이 가능한 한 (정확/부정확)하기를 바란다.

87 그러나 인간의 오차는 정확한 측정을 불가능하게 한다.
만약 당신이 같은 실험을 열 번을 한다면 당신은 (열 개의 작은 차이의 실험 결과/열번 모두 똑같은 결과)를 기대한다.

88 예를 들면 가열하면 금속은 팽창한다.
뜨거운 철제자와 찬 철제자는 (약간 차이가 나는/같은) 결과를 나타낸다.

89 가끔 우리는 서로 다른 각도에서 자를 읽거나 약간 움직일 때도 있다.
당신은 완전 무결한 측정을 기대할 수 (있다/없다).

---

85. 첫 번째 **86.** 정확 **87.** 열 개의 작은 차이의 실험 결과 **88.** 약간 차이가 나는
89. 없다

090 측정 오차 때문에 당신은 시험원이 틀림없는 실험 결과를 얻을 수 있다고 기대할 수는 (있다/없다).

091 당신은 등유의 API 비중을 측정하기 위하여 비중계(Hydrometer)를 사용한다.

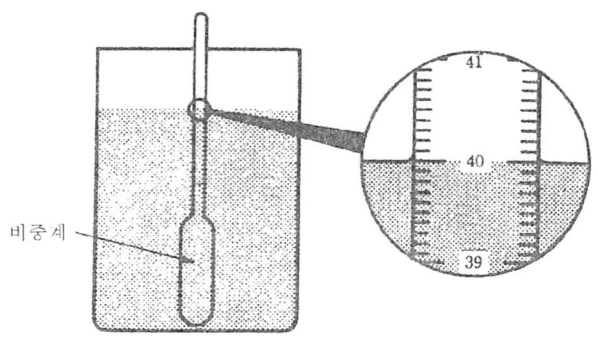

이때 당신은 액체 표면과 수평이 되는 비중계 축의 결과를 읽는다.
만약 당신이 액체가 축의 표면으로 올라온 부분을 읽는다면 (높은/낮은)값을 얻게 된다.

092 이 등유의 비중은 _____°API이다.

093 당신이 다른 위치에 서서 다시 읽는다면

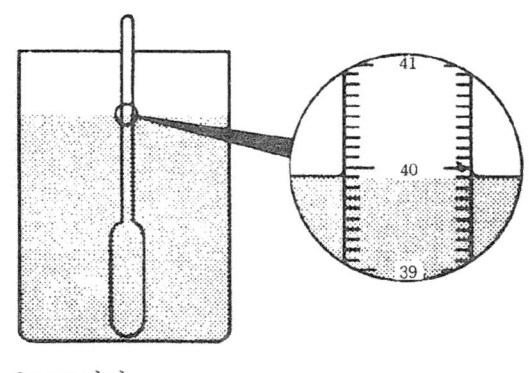

이때는 _____ °API이다.

답   90. 없다   91. 높은   92. 40   93. 39.9

제1장 | 공정 관리 시험 서론(An Introduction to Process Control Test)

94 당신이 같은 시료를 네 번 실험해서 네 개의 서로 다른 결과를 얻었다. 당신은 어떤 하나를 정확하다고 선택할 수 (있다/없다).

95 그러나 당신은 넷을 모두 더해서 평균값을 구할 수 있다.
  첫 번째 결과 40.1
  두 번째 결과 39.0
  세 번째 결과 40.3
  네 번째 결과 40.0

$$\frac{39.85}{4\overline{)159.4}}$$

가장 정확한 답은 다음 중 어느 것인가?
A. 39.85
B. 39.0
C. 40.3
D. 40.0
E. 40.1

96 어떤 시료의 API 비중을 열 번 기록했다고 하고 이것을 "도표"에 표시했다고 하자.

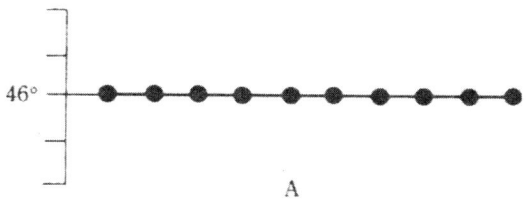

A

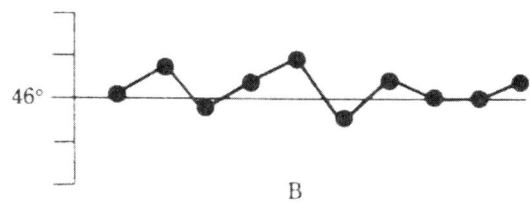

B

어떤 도표가 당신의 실험 결과를 나타내고 있는가 ? (A/B)

답   94. 없다   95. A   96. B

097 다음의 그림이 하나의 시료에 대한 API 비중을 일곱 번 측정한 결과라고 생각

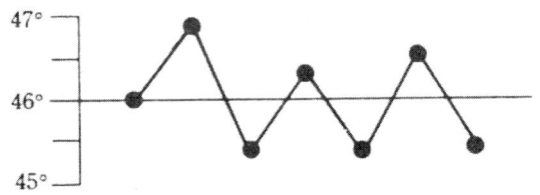

한다면 위의 그림에서 가장 정확한 결과는?
A. 45°API
B. 46°API
C. 47°API

098 우리는 (같은 시료/다른 시료)에 대하여 실험을 되풀이하여 평균값을 얻는다.

099 이 평균값은 한 번 실험한 결과보다 (더욱/덜) 정확하다.

100 반복 실험은 실험 결과의 _____를 증가시킨다.

101 다음 중 어떤 것이 반복 실험이 될 수 있는가?
A. API 비중
B. 색상
C. 유황

102 실측값과 평균값의 차이를 평균값으로부터의 오차라고 한다.
큰 오차는 평균값에서도 _____ 차이를 가져오게 될 것이다.

97. B 98. 같은 시료 99. 더욱 100. 정확도 101. A, B, C 102. 큰

103 다음 중 어느 것이 오차가 생긴 것인가?

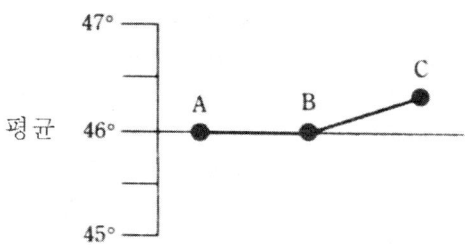

(A/B/C)

104 오차가 생기는 수치는
  A. 평균 이상
  B. 평균 이하
  C. 평균 이상과 이하일 수 있다.

105 예를 들면 다음 6개의 수치의 평균값은 _____ 이다.

```
      12
      10
       8
      10
      11
       9
   6)60
```

106 위의 문제 105에서 평균값보다 오차가 난 수치는 ___①___, ___②___, ___③___, ___④___ 이다.

---

103. C 104. C 105. 10 106. ① 12 ② 8 ③ 11 ④ 9

107 오차에 대하여 평균값도 구할 수 있다.
오차에 대한 평균값을 구하기 위해서는, 전체의 평균값에서 얼마나 차이가 있는가를 계산한다.
12는 ____①____ 가 벗어났고,
10은 ____②____, 8은 ____③____,
10은 ____④____, 11은 ____⑤____, 9는 ____⑥____이다.

108 따라서 오차의 평균값은 _____ 이다.

```
        2
        0
        2
        0
        1
        1
     6)  6
```

109 표준 오차는 하나의 평균 오차이다.

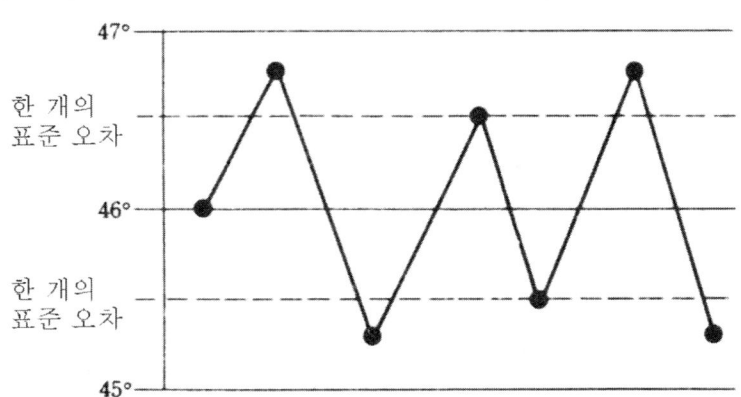

한 개의 표준 오차는 그 전체의 (위/아래/위 또는 아래 어느 쪽)이 될 수 있다.

답 **107.** ① 2 ② 0 ③ 2 ④ 0 ⑤ 1 ⑥ 1 **108.** 1 **109.** 위 또는 아래 어느 쪽

110 표준 오차의 곱은 두 개의 표준 오차를 만든다.

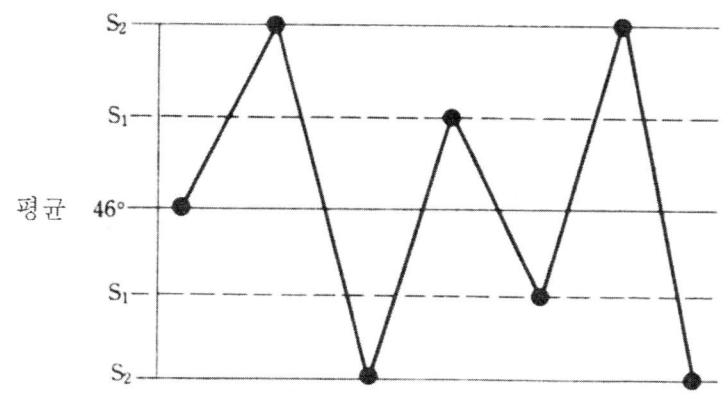

S_2는 (한 개의 표준 오차/두 개의 표준 오차)에 대한 약어이다.

111 대개의 실험 결과는 평균값의 두 개의 표준 오차 사이의 어딘가에 포함된다. 만약 당신이 1,000번 실험을 하면, 그 결과는 대개 평균값의 _____ 개의 표준 오차 사이에 들어간다.

답 **110.** 두 개의 표준 오차 **111.** 두

30 공정 관리 시험(Process Control Test) | 제1편

> 이하의 문제는 도표 1을 참조할 것

112 그 평균값은 약 (430/439/450)°F이다.

113 이 도표의 S_2는 평균값으로부터 _____ 개의 표준 편차를 나타낸 것이다.

114 대개의 실험 결과는 그 평균값의 두 개의 표준 오차 사이에 존재한다.
실험 결과의 어떤 것은 두 개의 표준 오차 밖에 (있다/있지 않다).

115 아주 우연한 경우에 실험 결과가 두 개의 표준 오차 범위를 벗어나는데 그 비율은 5% 정도이다.
실험 결과의 95%는 두 개의 표준 오차 (밖에/사이에) 있다.

〈 도표 1 〉 유닛을 계속 열고 있는 중력 제어 레코드

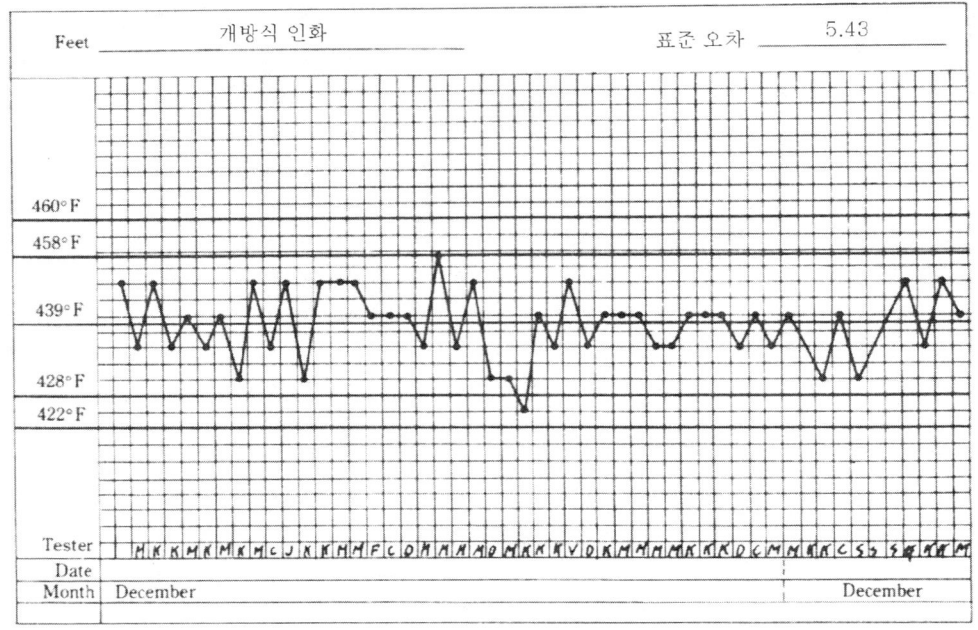

답 112. 439   113. 두   114. 있다   115. 사이에

116 규격은 그 제품이 439°F의 평균값의 두 개의 평균 오차 안에 들어 있기를 규정한다.
만약 당신이 430°F의 실험 결과를 얻었다면, 그것은 그 평균값의 (위/아래)에 있다.

117 그러나 이것은 두 개의 표준 오차 범위 내에 (있다/없다).

118 당신은 460°F의 결과를 얻었다.
이것은 그 평균값의 (위/아래)에 있다.

119 이것은 두 개의 표준 오차의 허용 범위 내에 들어 (있다/있지 않다).

120 이 도표(chart)에 표시된 대개의 값은 허용 범위 안에 (들어 있다/들어있지 않다).

121 그 값이 조업의 정상적인 범위 (안에/밖에) 들어 있을 경우에는 아마도 무엇인가 잘못된 것이다.

122 그 실험 결과가 평균값으로부터 멀리 떨어질수록 (더욱 많은/보다 작은) 문제점이 있다고 생각된다.

123 평균값의 두 개의 표준 오차 범위 안에 들어 있는 실험 결과의 차이는 다음 중 어느 것과 관계되는가?
A. 제품의 중요한 변화
B. 허용 실험 오차

---

116. 아래 117. 있다 118. 위 119. 있지 않다 120. 들어 있다 121. 밖에
122. 더욱 많은 123. 허용 실험 오차

124 만약 당신의 실험 결과가 두 개의 표준 오차범위를 벗어났을 경우에는 당신은 다음 중 어떤 것을 해야 하는가?
    A. 이것은 공정이나 실험 과정 안에서의 허용할 수 있는 잘못이라고 결론을 내린다.
    B. 당신의 상사와 상의한다.

125 당신의 실험실에 시료를 보냈는데 그 실험 결과가 42°API라고 하자.
공정상의 평균값은 40°API이다.
표준 오차 상한선은 41°API이고 하한선은 39°API이다.
42°API는 이 두 한계선 안에 (①있다/없다).
이 시료는 두 개의 허용 오차 범위 안에 (②있다/없다).

126 대개의 실험에 대한 표준 오차는 이미 여러 번 실험을 했기 때문에 알고 있다.

°API	유류의 형태(유종)	두 개의 표준 오차
58~67	가솔린	0.56
32~37	디젤유	0.32
10~14	연료유	0.40
40~42	난방유	0.26

어떤 특정한 가솔린의 API 비중을 측정하는 데 있어서 두 개의 표준 오차는 평균값의 위쪽으로 ____①____ 아래쪽으로 ____②____ 가 된다.

127 실험하고 있는 가솔린의 규격에는 NLT 61°API로 규정되어 있다.
이 가솔린의 공정상의 평균 비중은 _____°API이어야 한다.

128 우리가 NLT로 규정한 이상 우리의 제품이 61°API (이상/이하)의 두 개의 표준 오차를 넘지 않기를 바란다.

---

124. B   **125.** ① 없다   ② 없다   **126.** ① 0.56°   ② 0.56°   **127.** 61   **128.** 이하

129 최저 허용 실험 한계값은 다음 중 어느 것인가?
  A. 61°API
  B. 60.4°API

130 어떤 가솔린 시료의 실험 결과가 60.5°API이다.
이것은 규격에 (합격/불합격)이다.

131 표준 오차는 그 범위를 정하는 데 도움이 된다.
난방유(Heating oil)의 규격은 NLT 42°API이다.

°API	유 종	두 개의 표준 오차
58~67	가솔린	0.56
32~37	디젤유(경유)	0.32
10~14	연료유(경유)	0.40
40~42	난방유(경유)	0.26

도표에서 보면 두 개의 표준 오차는 _____ °이다.

132 받아들일 수 있는 최저 실험 결과는 42-0.26 또는 _____ °API이다.

133 실험실에서는 42.3°API로 보고했다.
그 제품은 규격에 (합격/불합격)이다.

134 실험 결과가 평균값으로부터 두 개의 표준 오차 범위를 벗어난 것은 실험 오차 또는 _____ 의 중요한 변화를 나타난다.

---

129. B 130. 합격 131. 0.26 132. 41.74 133. 합격 134. 제품 또는 공정

135 실험 결과가 세 개의 표준 오차를 벗어나면 그것은 그 제품이 _____을 벗어난 뚜렷한 표시가 된다.

136 도표1과 같은 품질 관리용 도표는 당신이 유닛을 조절할 필요가 있는지의 여부를 결정하는 데 도움을 주게 된다.
온도, 압력, 유속, 농도와 액위 등은 공정상으로 조정 가능한 기본 변동 지수이다.
제품의 품질은 이러한 변동 지수의 _____에 의하여 유지된다.

137 도표를 정리하기 전에 여러 가지 변하기 쉬운 것들을 생각해야 한다.
어떤 변화가 일어났는지 결정한 다음, _____ 변화가 일어날 것인가를 결정해야 한다.

138 예를 들면 온도를 올릴 경우 일어날 여러 변화를 알아야 한다.
다른 조건을 혼란시키지 말고 작업 운전을 _____ 가동하는 데 얼마나 많은 변화가 필요한가를 결정해야 한다.

139 품질 관리표는 일정한 조업 시간을 마친 공장에서 나온 생산 조업 보고서이기 때문에 공장 조업 상태를 결정하는 데 도움이 될 수 있다.
변화를 시킨 후에는 그 변화가 적절한지를 볼 수 있도록 다른 _____를 보냄으로써 계속 그 공장을 감시한다.

140 이런 방식으로 품질 관리표는 계속되며, 그 변화가 적당한 것인지에 관해서 _____가 있어야 할 것이다.

---

135. 규격 136. 조절 137. 무슨 138. 정상적으로 139. 시료 140. 검토

12. 시험은 어떻게 서로 다른가?

141 여러분은 여러분과 이웃 사람과 구별되는 육체적인 특징을 가지고 있다.
예를 들면 여러분의 눈이나 _____의 색깔이 다를 수 있다.

142 석유 제품도 식별되는 물리적 성질을 가지고 있다.
온도, 증기압, API 비중 및 점도(Viscosity) 등은 석유 제품들의 물리적인 성질(이다/아니다).

143 이러한 물리적 성질은 물리적인 실험으로 측정된다.
끓는 온도는 물리적인 실험으로 결정(된다/되지 않는다).

144 물리적인 실험은 본래 시료의 구성 성분을 변화시키지 않는다.
메탄과 공기가 탈 때 탄산 가스와 물로 된다.
태우는 것은 물리적인 과정(이다/이 아니다).

145 연료와 공기가 탈 때는 특성이 변한다.
메탄과 공기는 CO_2와 _____가 된다.

146 화학 실험은 본래 시료의 특성을 (변화시키는/변화시키지 않는) 반응을 포함한다.

147 화학 실험은 시료의 구조를 _____.

---

141. 머리카락 142. 이다 143. 된다 144. 이 아니다 145. H_2O 146. 변화시키는
147. 변화시킨다

148 자갈과 모래의 혼합물을 함께 흔든다.
자갈과 모래는 각각의 분자 구조를 (변화시키지 않고/변화시키므로) 서로 분리될 수 있다.

149 화학 반응은 모래와 자갈을 분리시키는 데 필요(하다/하지 않다).

150 촉매에 의한 분해는 커다란 분자를 더 작은 분자로 쪼개는 것이다.

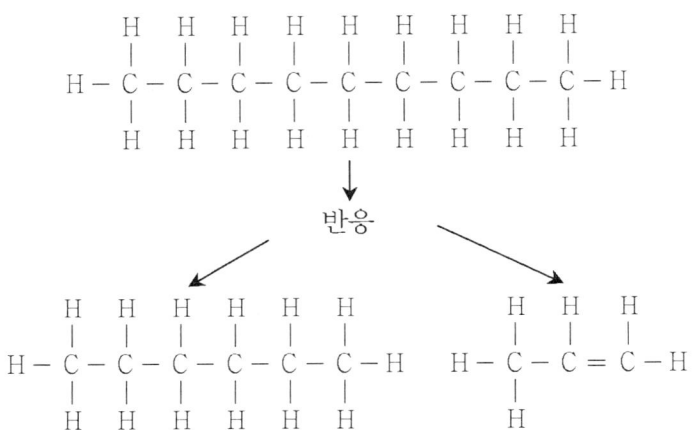

촉매에 의한 분해는 화학 반응을 (포함한다/포함하지 않는다).

151 기본 실험(Simulated test)으로 짧은 시일 내에 시간과 조건 범위가 지나면 제품에서 무엇이 일어나리라는 것을 예측한다.
간이 또는 기본 실험은 시간이 지나면 차량 속에 넣은 모터 오일에서 무엇이 일어날 것이라는 것을 예측(할 수 있다/할 수 없다).

---

148. 변화시키지 않고 **149.** 하지 않다 **150.** 포함한다 **151.** 할 수 있다

152 원유 시료를 취하여 시료 중에 있는 가스 오일의 퍼센트를 결정하려고 실험한다.
여러분은 물리적으로 다른 분류물을 _____ 원유 분석을 해 왔다.

153 오일 시료와 촉매를 혼합하여 높은 온도에서 반응시킨다.
이때 커다란 오일 분자는 더 작은 분자로 쪼개진다.
여러분은 _____ 실험을 했다.

154 터빈의 증기에 계속 쪼일 때 증기 터빈 운활유가 어떻게 지속되는가를 알고자 한다.
여러분은 _____ 실험을 한다.

답 152. 분리해서   153. 화학   154. 간이

13. 복습 및 요약(Review and summary)

155 석유 제품들이 _____에 맞는다는 것을 확인하기 위해서 제품들을 실험(분석)한다.

156 실험을 돕기 위해서 우리는 _____를 사용한다.

157 실험을 보통 다음과 같이 한다.
A. 한 번
B. 정규적 계획으로
C. 불규칙적 계획으로

158 실험은 보통 (전 공정 배치에 대해/한 시료에 대해) 한다.

159 실험은 다음과 같이 한다.
A. 한 공정 사이에서
B. 완제품에 대해서
C. 한 공정 사이와 완제품에 대해서 양쪽 다

160 꼬리표(Tag)를 잘못 붙인 시료는
A. 안전 위험이 있을 수 있다.
B. 작업자에게 오보를 준다.
C. A와 B 모두 다

---

155. 규격 156. 기구 157. B 158. 한 시료에 대해 159. C 160. C

제1장 | 공정 관리 시험 서론(An Introduction to Process Control Test) 39

161 한 조에서 매 시간마다 약 1ℓ씩 시료를 뽑아내어 한 용기에 모두 8ℓ를 모았다.
여러분은 (스폿/컴포지트) 시료를 만들었다.

162 공장의 조업 조건이 불안한 상태일 때에 취한 시료는 조업원에게 문제점을 _____ 도움이 될 수 있다.

163 낮은 증기압의 연료유의 시료를 다량 채취하기 위하여 (시료 봄베/금속통/유리병/마분지 상자)를 사용한다.

164 아래의 시료 꼬리표를 보아라.

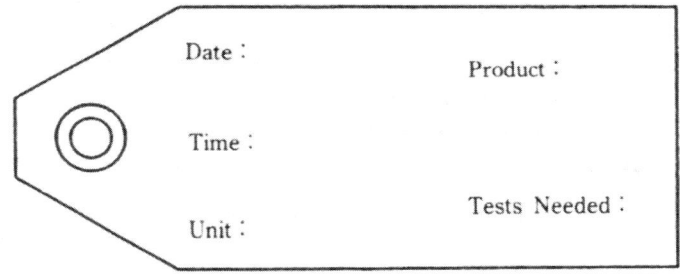

이 시료 꼬리표는 시험원이 알기 원하는 모든 정보를 (준다/주지 않는다).

165 NLT 10 규격은
A. 10보다 적지 않다.
B. 10보다 더 많지 않다.
C. 10과 100 사이다.
를 의미한다.

---

161. 컴포지트 162. 바로잡는 데 163. 금속통 164. 준다 165. A

166 시료는 규정된 범위 내에 있어야 한다.
그 표준 _____는 범위를 정하는 데 도움이 된다.

167 시료의 구조를 변화시키는 실험은 (화학/물리/기초) 실험이다.

168 오일의 색이나 밀도를 측정하는 실험은
A. 물리 실험
B. 화학 실험
C. 기초 실험

169 제품의 장기 유효성을 측정하는 실험은 _____ 실험이다.

170 다음의 실험을 물리, 화학 또는 _____ 실험으로 분류하여라.
A. 시료를 브로민과 반응시킨다.
   (물리/화학/기초)
B. 운활유의 장기 유효성을 확인하기 위하여 운활유를 실험한다.
   (물리/화학/기초)
C. 시료의 투명도를 실험하기 위하여 시료에 빛을 통과시킨다.
   (물리/화학/기초)
D. 시료의 무게를 단다.
   (물리/화학/기초)
E. 어는 점을 측정한다.
   (물리/화학/기초)

---

166. 편차 167. 화학 168. A 169. 기초 170. 기초 A. 화학 B. 기초 C. 물리 D. 물리 E. 물리

CHAPTER 02

물리적 성질에 대한 시험
(Testing for Physical Property)

제2장에서는 몇 가지의 일반 물리 실험에 관하여 어떻게 실험하고 그 결과의 의미와 그것이 조업 수단으로 어떻게 사용될 것인가를 배우게 된다.

001
액체가 끓도록 가열시킨다.
물은 _____°F에서 끓는다(해면 고도에서).

002
모든 액체는 212°F에서 (끓는다/끓지 않는다).

003
다른 액체들은 다른 온도 범위에서 끓는다.

	성 분	끓는 범위
원유	가솔린	100° ~ 400°F
	등유	350° ~ 550°F
	가스 오일	500° ~ 900°F
	디젤 연료	400° ~ 600°F

원유는 ____①____ 온도에서 끓는 다른 화합물로 되어 있다.
혼합물은 (② 어떤 온도/어떤 온도의 범위)에서 끓는다.

004
위의 원유 혼합물을 가열한다면
A. 혼합물은 어떤 온도에서 끓는다.
B. 디젤 연료유가 맨 먼저 끓는다.
C. 가솔린이 맨 먼저 끓는다.

005
어떤 혼합물이 다음과 같다.

성 분	끓는점
펜탄	96.9°F
헥산	155.7°F
헵탄	209.2°F

이 혼합물을 끓여서 분리할 수 (있다/없다).

답 1. 212 2. 끓지 않는다 3. ① 다른 ② 어떤 온도의 범위 4. C 5. 있다

제2장 | 물리적 성질에 대한 시험(Testing for Physical Property) 43

006 이 중에서 어느 성분이 맨 먼저 끓는가?

007 펜탄이 증발할 때 기체로 변화하여 그 혼합물로부터 빠져나간다.

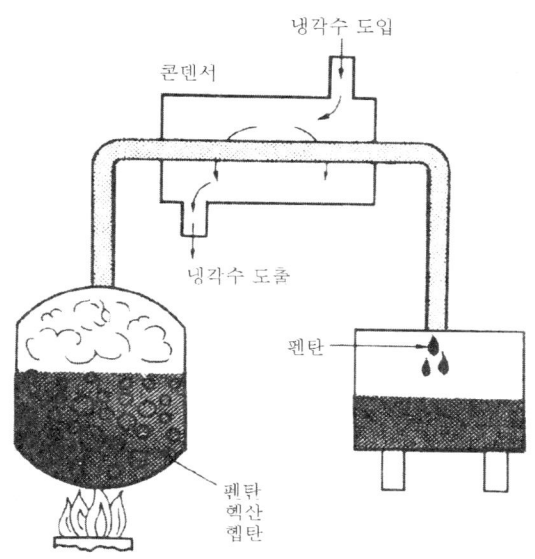

증기를 _____시킴으로써 이 펜탄을 모을 수 있다.

008 그러면 이 혼합물은 주로 ____①____ 과 ____②____ 을 포함하고 있다.

009 다음에는 _____이 끓기 시작하고 증발한다.

010 이제는 남아 있는 액체는 주로 _____이다.

011 세 가지의 다른 탄화수소 혼합물을 _____ 응축시켜 분리 회수하였다.

---

6. 펜탄 **7.** 응축 **8.** ① 헥산 ② 헵탄 **9.** 헥산 **10.** 헵탄 **11.** 끓이거나 증발시킨 다음

012 이런 분리는 화학 반응(이다/ 이 아니다).

013 큰 분자는 작은 분자보다 더 높은 온도에서 끓는다.

```
    H H H H                    H H H H H H H H
    | | | |                    | | | | | | | |
H - C-C-C-C - H            H - C-C-C-C-C-C-C-C - H
    | | | |                    | | | | | | | |
    H H H H                    H H H H H H H H
       A                              B
```

이 두 물질 중에서 어느 쪽이 더 높은 온도에서 끓는가? (A/B)

014 분류는 전에 논의한 것과 같이 분리 공정이다.

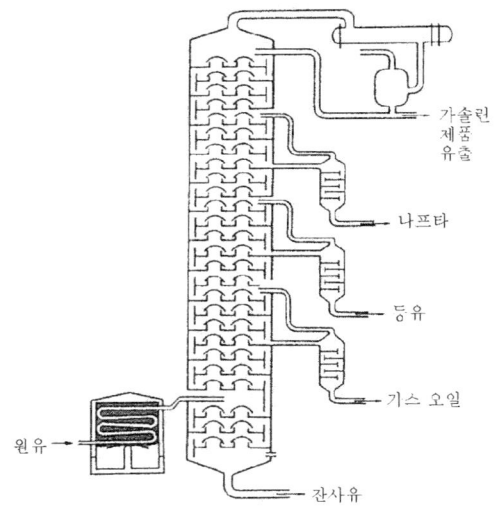

이런 분류 장치는 원유를 몇 가지의 성분으로 _____ 있다.

답   12. 이 아니다   13. B   14. 분리시키고

15 나프타는 어떤 온도 범위에서 끓는 여러 가지의 탄화수소로 되어 있다. 나프타는 등유보다 (더 높은/ 더 낮은) 온도에서 끓는다.

16 등유는 디젤 연료유보다 (더 높은/ 더 낮은) 온도에서 끓는다.

17 등유 유분 중에는 더 큰 분자의 비율이 높으면 높을수록 그만큼 등유의 끓는점은 (더 높다/ 더 낮다).

18 등유에는 두 개의 다른 등유가 있다

초류점	초류점
285°F	325°F
A	B

(A/B) 등유는 더 큰 분자의 비율을 많이 가지고 있다.

답 15. 더 낮은 16. 더 낮은 17. 더 높다 18. B

1. ASTM 증류(Distillation) 실험

19 등유가 규격에 맞는지를 알기 위해서 시료를 실험한다.
ASTM 증류 실험은 _____ 장치에서 일어나고 있는 것을 찻잔의 크기로 보는 실험이다.

20 등유 속에 있는 가벼운 분자의 비율을 알고자 한다.
맨 먼저 여러분은 등유의 시료를 _____하고 처음에 증기가 모이는 온도를 기록한다.

21 이런 응축물은 (가장 커다란/가장 작은) 시료 분자를 포함하고 있다.

22 응축물의 첫 방울이 모이는 온도를 IBP라고 한다.

IBP 규격	ASTM 증류 실험 결과
335°~350°F	360°F

이 IBP는 너무 (높다/낮다).

23 이 시료는 실험 결과 규격보다 더 (작은/큰) 분자를 가지고 있다.

24 시료를 계속해서 증발시키고 응축시켰다.
이때 EP는 온도계가 표시한 _____ 온도이다.

답 19. 분류 20. 끓이거나 증류 21. 가장 작은 22. 높다 23. 큰 24. 가장 높은

제2장 | 물리적 성질에 대한 시험(Testing for Physical Property) 47

25 이 시료의 규격은 EP가 500~525°F라고 한다.
실험 결과 온도계는 575°F라는 것을 읽었다. 이때 EP는 너무 (높다/낮다).

26 이 등유는 규격에 표시한 것보다 (더 큰/더 작은)분자를 가지고 있다.

27 실험으로부터 얻은 자료 결과를 쉽게 읽으려고 다음 도표에 표시하였다.

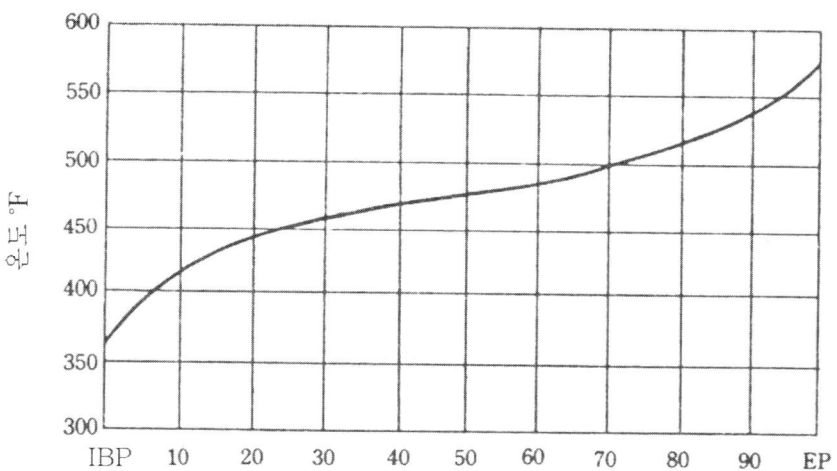

우리는 위의 도표에서 응축된 증기의 첫 방울이 약 _____°F에서 모인다는 것을 알 수 있다.

28 이 시료의 IBP는 약 _____°F이다.

29 EP는 약 _____°F다.

답 25. 높다 26. 더 큰 27. 360 28. 360 29. 575

030 시료의 10%가 모일 때마다 도표에 그 온도가 표시되어 있다.
시료의 50%가 모일 때의 온도는 도표에서 약 _____°F다.

031 이 시료는 _____°F와 _____°F 범위에서 끓는다.

032 작은 분자는 큰 분자보다 더 낮은 온도에서 끓는다.
IBP가 340°F인 등유는 IBP가 375°F인 등유보다 (더 많이/더 적게) 저온에서 끓는 물질을 가지고 있다.

033 헥산을 포함하고 있는 두 가지의 다른 혼합물의 증류 실험 결과를 나타내는 두 개의 도표를 비교하자.

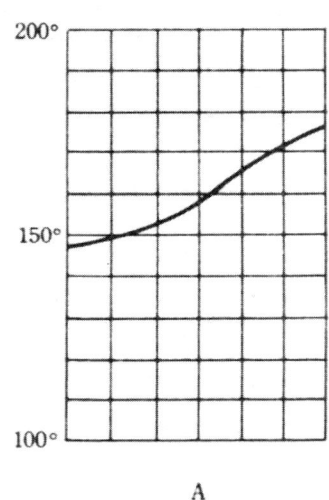
A

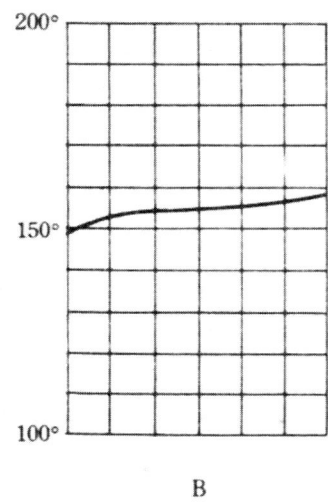
B

순수한 헥산은 156°F에서 끓는다.
혼합물 (A/B)는 더 많은 헥산 비율을 가지고 있다.

답 **30.** 475 **31.** ① 360 ② 575 **32.** 더 많이 **33.** B

제2장 | 물리적 성질에 대한 시험(Testing for Physical Property) 49

34 ASTM 증류 실험은 어떤 제품의 휘발성을 표시하는 데 사용할 수 있다. 작은 분자는 큰 분자보다 더 잘 휘발한다.
낮은 온도에서 끓는 물질을 비교적 많이 가진 증류 곡선은 비교적 (높은/낮은) 휘발성의 제품이라는 것을 표시한다.

35 다음 두 개의 증류 도표를 비교하여라.

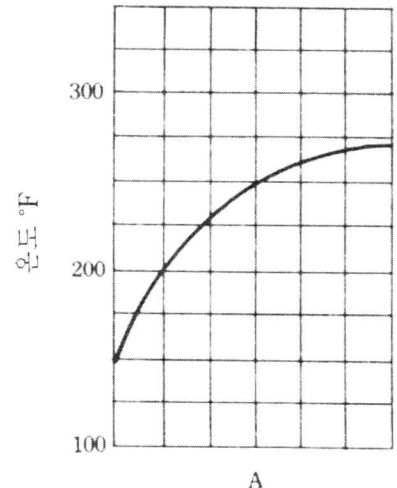 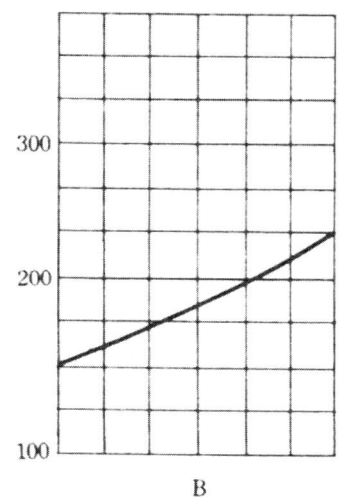

시료(A/B)는 작은 분자를 더 많이 가지고 있다.

36 시료 (A/B)는 더 잘 휘발한다.

37 다음의 것은 ASTM 증류 실험 결과값이다.

	가열로의 연료유	등 유
초류점 °F	—	325
10% 증류	405	—
95% 증류	470	—
종류점	550	510

다음의 것은 위의 제품에 대한 규격이다.

답 34. 높은 35. B 36. B 37. 맞지 않는다

	가열로의 연료유	등 유
초류점 °F	–	330~370
10% 증류	348~410	–
95% 증류	NLT 465	–
종류점	NLT 550	NMT 515

등유의 IBP를 비교하여라.
제품 규격에 (맞는다/맞지 않는다).

038 이 등유는 규격에 표시한 것보다 더 (가볍다/무겁다).

039 이 등유는 요구되는 것보다 (더 잘/덜) 휘발한다.

040 가열로 연료유용으로 10% 증류물을 비교하여라.
규격에 (맞는다/벗어난다).

041 등유의 EP를 보아라.
규격에 (맞는다/벗어난다).

042 ASTM 증류 실험은 분자의 구조를 변화시키지 않기 때문에 ASTM 증류 실험은 (물리/화학) 실험이다.

043 증류 실험은 제품의 증류에 따라 기구의 크기와 종류가 다른 것을 사용한다. 그러므로 실험하기 위하여 보낸 _____를 적절히 확인하는 것은 매우 중요한 일이다.

---

38. 가볍다 39. 더 잘 40. 맞는다 41. 맞는다 42. 물리 43. 시료

2. 어는 점(Freezing Point)으로부터 순도를 측정하는 법

44 다른 탄화수소마다 일정한 끓는점을 가지고 있다.
다른 탄화수소마다 일정한 어는점을 가지고 (있다/있지 않다).

45 모든 탄화수소는 언다. 순수한 탄화수소는 어떤 온도에서 언다.

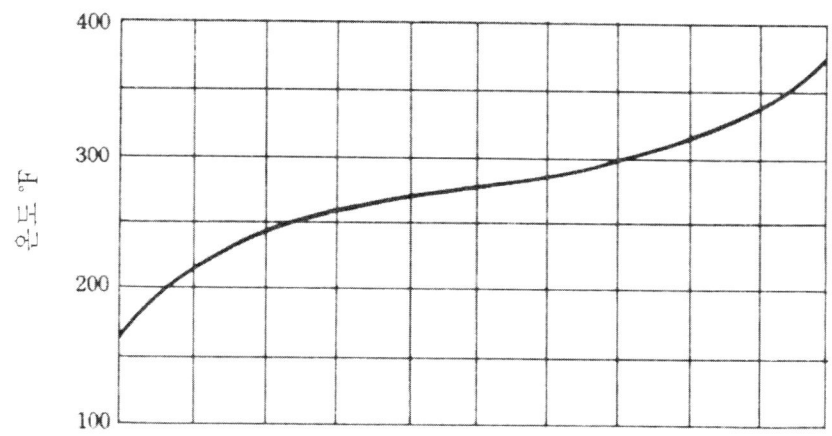

위의 도표는 순수한 탄화수소가 어느 것을 (나타낸다/나타내지 않는다).

46 혼합물은 어떤 한 온도에서 (언다/얼지 않는다).

답 44. 있다.   45. 나타내지 않는다   46. 얼지 않는다

52 공정 관리 시험(Process Control Test) | 제1편

047 다음의 도표는 순수한 물질의 어느 현상을 나타내고 있다.

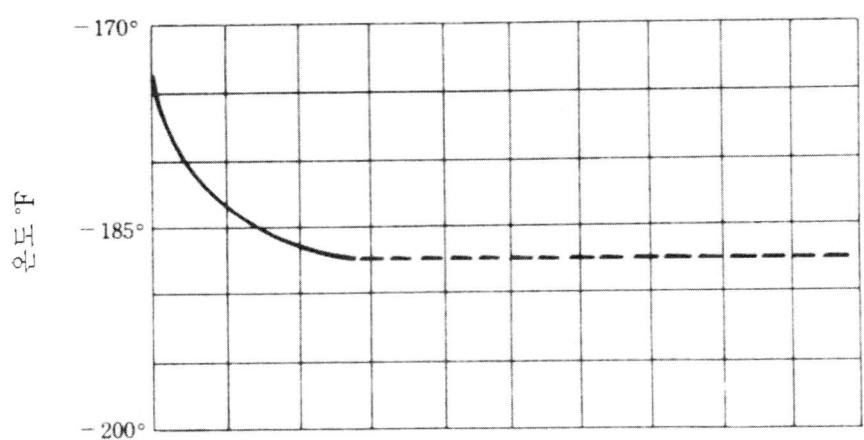

굵은 선은 시료를 (냉각시키는 것/얼게 하는 것)을 표시한다.

048 점선은 어느 점을 나타내고 있다.
이 물질은 약 _____ °F에서 언다.

049 거의 순수한 물질 중에 불순물이 조금 있어도 어는 점은 약간 더 내려가게 된다.
순수한 옥탄은 −70°F에서 언다는 것을 알고 있다.

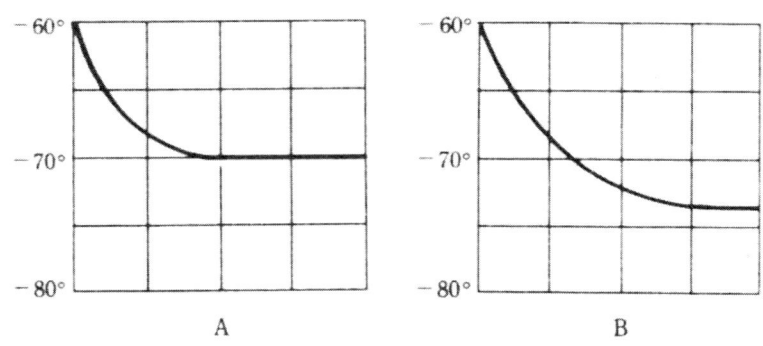

그림 A는 순수한 옥탄을 (표시한다/표시하지 않는다).

답   **47.** 냉각시키는 것   **48.** −187   **49.** 표시한다

50 그림 B는 (더/덜) 순수한 옥탄을 나타낸다.

51 순도는 _____ 물질의 어느 점과 시료의 어느 점이 얼마만큼 다른가에 의해서 결정된다.

52 ASTM 증류 실험은 여러 탄화수소의 끓는 점이 다르다는 것에 바탕을 두고 있다. ASTM 증류 실험은 어떤 시료 중에서 탄화수소의 상대적인 양을 결정하는 데 쓰인다.
어떤 물질의 순도는 그 물질이 _____ 온도를 측정함으로써 결정할 수 있다.

답 50. 덜 51. 순수한 52. 어는

3. 증기압 실험(Testing for Vapor Pressure)

53 작은 분자는 큰 분자보다 (더/덜) 쉽게 증발한다는 것을 알고 있다.

54 막힌 용기 내에서 작고 큰 분자의 혼합물을 증발시켜 보자.

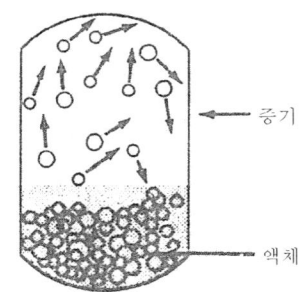

증기는 용기의 벽과 _____의 표면에서 압력을 나타낸다.

55 이런 압력을 액체의 증기압이라고 한다.
생긴 증기의 양이 많을수록 그만큼 더 (높은/낮은) 압력을 나타낸다.

56 따라서 쉽게 증발하는 작은 분자는 (더 높은/더 낮은) 증기압을 가지고 있다.

57 안전 조치를 결정할 때는 증기압을 생각해야 한다.
(높은/낮은) 증기압을 가진 물질은 더 쉽게 증발한다.

58 높은 증기압을 가진 물질은 더 낮은 증기압을 가진 물질보다 (더/덜) 조심스럽게 취급해야 한다.

---

53. 더 54. 액체 55. 높은 56. 더 높은 57. 높은 58. 더

59 증기압은 (열린/닫힌) 용기 내에서 시료를 가열하여 결정된다.

60 증기압은 온도가 변함에 따라 변하기 때문에 증기압은 특정 온도인 100°F에서 측정한다.
_____은 밀폐된 용기 내에서 100°F에서 생긴 압력이다.

61 (높은/낮은) 증기압을 가진 물질을 운반하고 취급하고 저장하는 데는 특별한 경계를 해야 한다.

62 높은 증기압은 (높은/낮은) 휘발성을 의미한다.

63 휘발성은 가솔린의 중요한 특성이다.
높은 휘발성은 겨울에 (더 쉬운/ 더 어려운) 시동을 의미한다.

64 증기압이 다른 혼합물을 비교하여라.

혼 합 물	증 기 압
A	20PSI
B	25PSI
C	30PSI

혼합물 (A/B/C)가 가장 잘 휘발한다.

65 혼합물 (A/B/C)가 가장 큰 분자로 되어 있다.

답 59. 닫힌 60. 증기압 61. 높은 62. 높은 63. 더 쉬운 64. C 65. A

4. 인화점 및 발화점
(Flash Point and Fire Point)

066 탄화수소 증기가 정확한 비율로 공기와 혼합되어 불을 붙이면 이들은 _____.

067 (높은/낮은) 증기압을 가진 탄화수소는 더 쉽게 증발한다.

068 _____ 증기압을 가진 탄화수소는 쉽게 폭발성 혼합물을 만든다.

069 이런 증기가 공기와 (정확한 비로) 혼합해서 발화된다면 증기와 공기는 탄다. 즉 인화된다.
발화할 때 먼저 인화기에 충분한 증기가 만들어진 가장 낮은 _____를 인화점이라고 한다.

070 가솔린은 등유보다 (더 낮은/ 더 높은) 인화점을 가지고 있다.

071 석유 제품을 대기 중에 노출할 경우, (더 높은/ 더 낮은) 인화점을 가진 제품이 더욱 안전하다.

072 인화점 실험은 시료를 가열하고 시료의 증기가 불꽃에 노출될 때에 한다.
증기가 인화되는 _____ 액체 온도를 인화점이라고 한다.

---

66. 탄다   67. 높은   68. 높은   69. 온도   70. 더 낮은   71. 더 높은   72. 가장 낮은

73 혼합물은 125°F에서 증기를 만들기 시작하여 135°F에서 증기는 발화한다. 인화점은 (125°F/135°F)이다.

74 탄화수소가 다르면 다른 인화점을 갖기 때문에 실험을 하는 데도 다른 기구를 쓰게 된다.
시료를 _____할 때에 조심하여야 한다.

75 작은 탄화수소로 되어 있는 혼합물을 더 큰 탄화수소로 되어 있는 혼합물과 혼합해서 가열한다면 (① 작은/큰) 분자가 먼저 증발할 것이다.
따라서 혼합물의 인화점은 (② 가벼운/무거운) 성분의 인화점보다 약간 더 높다.

76 어떤 제품의 인화점은 보통 매우 높은데 실험 결과가 낮을 때는 이 제품은 _____ 인화점을 가진 물질로 오염되어 있다.

77 IBP는 인화점을 추정하는 데도 쓸 수 있다.
IBP가 높으면 높을수록, 그만큼 인화점도 _____.

78 중질 석유 나프타를 세탁용 용제로 쓰려고 한다면, 다음 것을 고를 수 있다.

| 나프타 | A | 인화점 | 110°F |
| 나프타 | B | 인화점 | 180°F |

나프타 (A/B)가 사용하는 데 더욱 안전한 것이다.

79 어떤 물질이 그 물질의 인화점에 도달하여 발화될 때, 이 물질은 인화한다.
불꽃을 제거할 경우에는 이 불은 (꺼진다/불타는 대로 남아 있다).

---

73. 135F **74.** 분류 **75.** ① 작은 ② 가벼운 **76.** 더 낮은 **77.** 더 높다 **78.** B
79. 꺼진다

080 발화점(Fire pint)은 계속하여 연소가 일어날 수 있는 온도이다.
　　 발화점은 인화점보다 (높다/낮다).

081 계속하여 연소하기에 충분한 증기를 만드는 온도를 _____이라고 한다.

082 한 시험원이 "X" 제품에 대한 결과값을 다음과 같이 보냈다.

인화점	180°F
발화점	175°F

이 결과값은 정확한 것(이다/이 아니다).

답　　80. 높다　81. 발화점　82. 이 아니다

5. 시료의 점도(Viscosity) 실험

83 아스팔트와 같은 액체는 큰 탄화수소 분자로 되어 있다.
가솔린 속에 있는 분자는 아스팔트 속에 있는 분자보다 (① 더 크다/더 작다).
가솔린은 아스팔트보다 (② 더 묽은/더 끈끈한) 액체이다.

84 끈끈하거나 묽다는 성질은 한 액체와 다른 액체를 서로 구별하는 데 도움이 될 수 있다. 끈끈하고 무거운 액체는 묽은 액체보다 (더 잘/덜) 흐른다.

85 점도는 흐름을 저항하려는 유체의 경향을 말한다.
낮은 점도를 가진 액체는 더 (쉽게/어렵게) 흐른다.

86 가솔린을 경사진 표면에 떨어뜨리면, 가솔린은 바로 표면 아래로 떨어진다.
윤활유(Lube oil)의 방울은 덜 쉽게 흐른다. 윤활유는 가솔린보다 (더/덜) 끈끈하다.

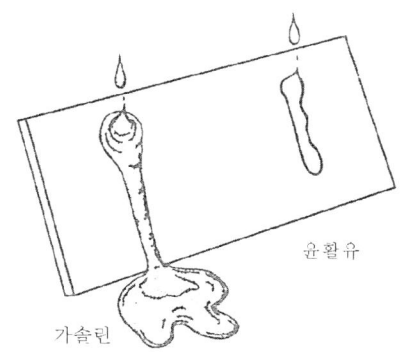

답 83. ① 더 작다 ② 더 묽은 84. 덜 85. 쉽게 86. 더

087 끈기 있는 석유 액체는 보통 더 큰 탄화수소로 되어 있다.
끈기 있는 액체는 보통 (더 높은/더 낮은) 온도에서 끓는다.

088 아스팔트는 가솔린보다 (더 높은/더 낮은) 끓는 온도를 가지고 있다.

089 점도는 온도가 변할 때 변화한다.
액체의 온도가 올라감에 따라 분자의 활용도 (증가한다/감소한다).

090 분자가 떨어져서 움직일 때 분자는 더 쉽게 움직인다.
어떤 액체는 더 높은 온도에서 (더/덜) 끈적끈적하고 더 잘 흐른다.

091 점도는 측정할 수 있다.
온도가 변함에 따라 점도도 변하기 때문에 액체의 점도는 특정 _____에서 측정한다.

092 보통 점도는 액체의 특정한 양이 한정된 용기 또는 오리피스를 거쳐 흐르는 데 걸리는 _____을 측정하여 잰다.

093 끈적끈적한 액체는 덜 끈적끈적한 액체보다 한정된 용기(Restriction)를 거쳐 흐르는 데 (더 많은/더 적은) 시간이 걸린다.

답   87. 더 높은   88. 더 높은   89. 증가한다   90. 덜   91. 온도   92. 시간   93. 더 많은

제2장 | 물리적 성질에 대한 시험(Testing for Physical Property) 61

94 세이볼트 점도계(Saybolt Viscometer)는 일정한 액체의 양을 기구로부터 유출시키는 데 필요한 초 수를 재어 점도를 측정한다.

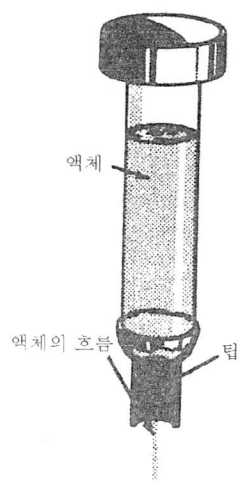

기구로부터 액체의 일정량을 유출시키는데 100초가 걸린다면 세이볼트 점도는 _____초이다.

95 무겁고 끈적끈적한 액체는 점도계로부터 배출하는 데 덜 끈적끈적한 액체보다 더 (많은/적은) 시간이 걸린다.

96 끈적끈적한 액체는 낮은 점도의 액체보다 더 (많은/적은) 시간을 읽게 된다.

97 세이볼트 기구에는 두 가지의 다른 기구인 유니버설과 퓨롤이 있다.
쓰이는 기구는 액체의 _____에 달려 있다.

98 유니버설 기구는 더 작은 구멍을 가지고 있다.
액체가 유니버설 기구를 거쳐 유출하는 데는 (더 긴/더 짧은) 시간이 걸린다.

🗐　**94.** 100　**95.** 많은　**96.** 많은　**97.** 점도　**98.** 더 긴

099 기구의 크기에는 차이가 있기 때문에 측정은 항상 세이볼트 초 퓨롤(Saybolt Second Furol : SSF) 또는 세이볼트 초 유니버설(Saybolt Second Universal : SSU)로써 명시되어야 한다.

물 질	점 도	측정 온도
가열로 연료유	35SSU	100°F
원유	50SSU	100°F
경질 모터오일	165SSU	100°F
중질 모터오일	65SSU	210°F
연료유	150SSF	122°F
아스팔트	200SSF	275°F

가열로(Furnace) 연료유가 유니버설 장치를 거쳐 흐르는 데 35초 걸리고, 원유가 같은 장치를 거쳐 흐르는 데 50초 걸린다고 하자.
이때에 가열로 연료유가 원유보다 (더/덜) 끈적끈적하다.

100 위의 표로부터 ___①___ 장치와 다른 ___②___에서 측정되었기 때문에, 연료유와 모터오일 중에서 어느 것이 끈적끈적한지를 말할 수는 없다.

101 온도가 변함에 따라 점도가 변한다는 것을 우리는 알고 있다.
이 점은 윤활유에 대해서도 중요한 점이다. 온도가 올라감에 따라 점도가 희박해지는 윤활유는 자동차용 윤활유로는 (좋은 것이다/나쁜 것이다).

102 점도(Viscosity index : VI)는 온도가 변함에 따라 점도가 얼마나 변화하는가를 나타내는 것이다.
점도 지수가 낮으면 낮을수록 온도가 변함에 따라 _____의 변화는 크다.

103 윤활유는 점도 지수가 (높으면/낮으면) 변화하는 온도 조건하에서도 좋은 윤활 작용을 한다.

답 99. 덜 100. ① 다른 ② 온도 101. 나쁜 것이다 102. 점도 103. 높으면

104 저질 내연 기관용 윤활유 X의 점도 지수는 50이고 고급 내연 기관용 윤활유 Y의 점도 지수는 140이다.
내연 기관용 윤활유 (X/Y)는 온도 변화에 따라 점도 변화가 크다.

105 피막이 온도 변화에 따라 두껍거나 너무 얇지 않은 내연 기관용 윤활유는 자동차용으로 좋다.
점도 지수가 (높은/낮은) 내연 기관용 윤활유가 우수한 것이다.

106 점도 지수가 130인 윤활유와 110인 윤활유의 두 가지 중에서 점도 지수가 (130/110)인 윤활유가 변화하는 온도하에서 그 성능이 더 우수하다.

107 다음 중 어느 윤활유가 온도 변화에 따라 점도가 가장 많이 변화하는가?
A. 130의 VI
B. 100의 VI
C. 150의 VI

답 104. X 105. 높은 106. 130 107. C

6. 밀도(Density) 및 비중(Gravity) 시험

108 _____가 가장 가볍다.

109 밀도는 물질의 _____ 분의 부피라는 양의 단위이다.

110 물질의 밀도를 알아내기 위하여 무게 분의 부피라는 단위를 사용한다. 물의 밀도는 _____ 세제곱 피트당 파운드(Lb/ft^3)이다.

111 모든 물질은 무게가 있다.

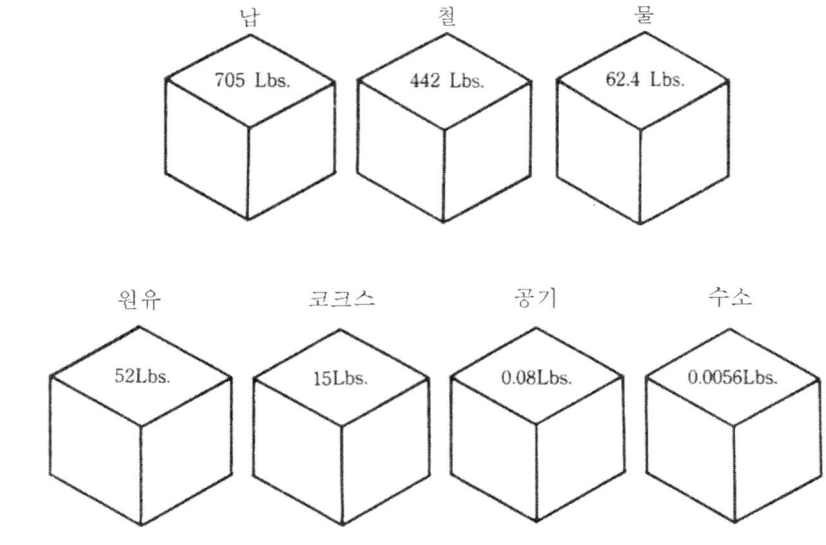

위의 물질 중에서 _____이 가장 무겁다.

---

108. 수소 109. 무게 110. 62.4 111. 납

112 등유의 세제곱 피트당 무게는 50Lbs이다.
물은 등유보다 밀도가 (크다/작다).

113 물은 납보다 밀도가 (크다/작다).

114 Pound per gallon과 Pounds per cubic foot는 둘 다 밀도의 단위이다.
밀도는 _____ 분의 부피 단위로 표시되는 어떤 단위로든지 표시할 수 있다.

115 이들 중에서 밀도의 단위는 어느 것인가? 맞는 것에 O표를 하여라.
① Pound per cubic foot
② Pounds per hour
③ Pounds per gallon
④ Gallons per minute

116 비중(Specific gravity)은 액체 무게의 또 다른 단위이다.
액체의 비중은 물의 _____ 에 대한 그 액체의 밀도의 비이다.

117 물의 밀도는 62.4pounds per cubic foot이다.
이 물질의 비중은 62.4/62.4이거나 또는 _____ 이다.

118 등유의 밀도는 50pounds per cubic foot이다.
이 물질의 비중은 50.0/62.4이거나 또는 _____ 이다.

119 등유는 물보다 낮은 비중을 갖고 있다.
등유는 물보다 밀도가 (크다/작다).

답 112. 크다 113. 작다 114. 무게 115. ① O ③ O 116. 밀도 117. 1.0
118. 0.8 또는 5/6 119. 작다

120 아스팔트의 밀도는 64.2pounds per cubic foot이다.
아스팔트의 비중은 64.2/62.4이거나 또는 _____이다.

121 아스팔트는 물보다 밀도가 (크다/작다).

122 석유 제품의 무게를 측정하기 위하여 비중 대신에 API 비중을 사용한다.

	비 중	API
타르	1.052	3
물	1	10
가솔린	0.739	60

타르는 물보다 밀도가 (크다/작다).

123 가솔린은 물보다 밀도가 (크다/작다).

124 그러나 (타르/가솔린)은 높은 API 비중을 갖고 있다.

125 물질의 밀도가 증가함에 따라 그 비중은 _____한다.

126 그러나 API 비중은 _____한다.

127 비중이 높으면 높을수록 그 물질의 밀도는 (커진다/작아진다).

128 그러나 API 비중이 높을수록 그 물질은 밀도가 (커진다/작아진다).

---

120. 1.03 **121.** 크다 **122.** 크다 **123.** 작다 **124.** 가솔린 **125.** 증가
126. 감소 **127.** 커진다 **128.** 작아진다

제2장 | 물리적 성질에 대한 시험(Testing for Physical Property) 67

129 API 비중은 비중계(Hydrometer)로 측정한다.
비중계를 액체 내에 담그면 액체는 비중계를 가라앉지 않게 한다.

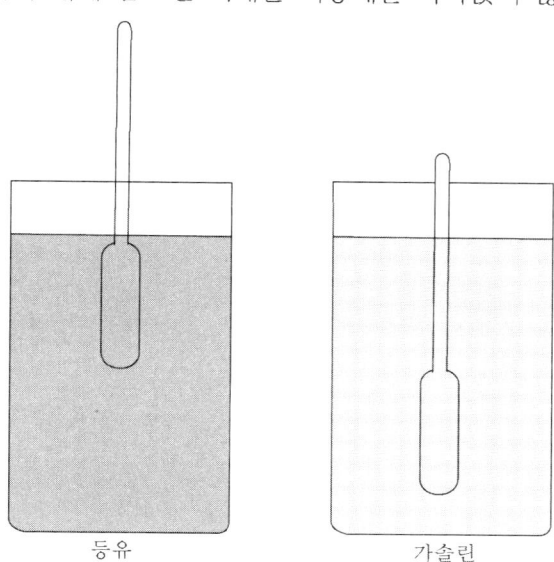

밀도가 큰 액체는 작은 액체보다 비중계를 (잘 가라앉지 않게 한다/잘 가라앉게 한다).

130 액체의 밀도가 클수록 액체 내에 비중계가 잘 가라앉지 않는다.
등유는 가솔린보다 밀도가 (크다/작다).

131 그러나 (등유/가솔린)은 API 비중의 눈금이 높다.

132 액체의 밀도가 커지면 API 비중의 눈금은 (높아진다/낮아진다).

133 액체가 열을 받으면 (팽창한다/수축한다).

---

129. 잘 가라앉지 않게 한다 **130.** 크다 **131.** 가솔린 **132.** 낮아진다 **133.** 팽창한다

134 이것이 열팽창의 그림이다.

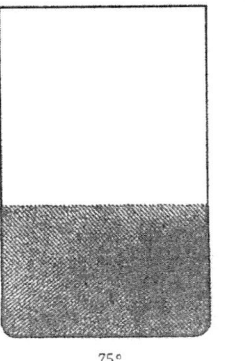 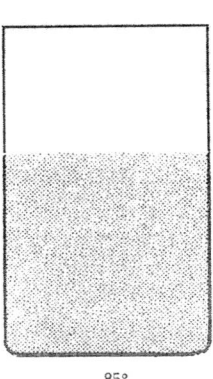

열팽창은 온도가 증가함에 따라 액체의 부피가 (팽창하기/수축하기) 때문이다.

135 밀도는 온도 변화에 따라 변화한다.
온도가 증가할 때 밀도는 (증가/감소)한다.

136 열팽창으로 인하여 API 비중은 표준 온도 60°F에서의 값을 보고한다.
만약 액체가 60°F가 아니면 API 비중의 눈금을 _____°F로 환산해야 한다.

137 비중이 API 42°라는 규격이 있다면
이것은 _____°F에서 42°API라는 것을 의미한다.

138 다음은 실험 결과이다.

| 비중 API | 42° | 70°F |

이 시료는 실험 결과가 보여 준 것보다 실제로 더 (가볍다/무겁다).

---

134. 팽창하기 **135.** 감소 **136.** 60 **137.** 60 **138.** 무겁다

139 다음 그림의 액체 중 어느 것이 더 밀도가 큰가?

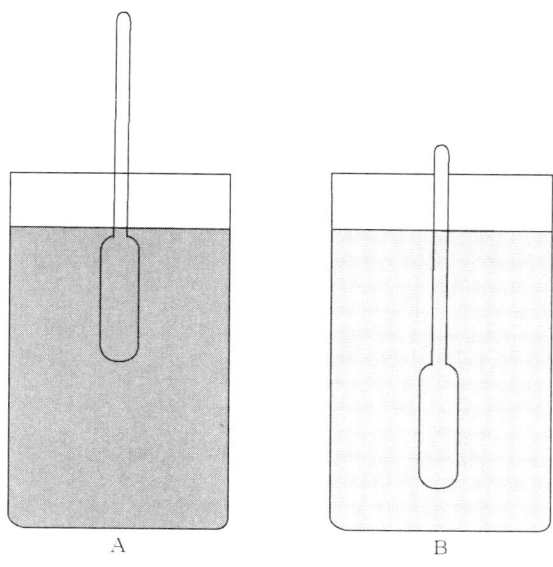

(A/B)

139. A

7. 복습 및 요약(Review and Summary)

140 다음 사항 중 서로 관계있는 것끼리 짝을 지어라.
1. 비중 단위
2. 온도 변화에 따른 점도 변화율
3. 온도 단위
4. ASTM 증류에서 얻은 단위
5. 증발 단위
6. 인화성 물질에 대한 중요한 사항

A. °F
B. API
C. VI
D. IBP
E. 인화점
F. 증기압

141 다음 시료들이 규격에 맞는가를 보아라.

규 격	실험 결과	
① API 비중, NMT 40.5°	41	(맞는다/틀린다)
② IBP, NLT 60°F	65°F	(맞는다/틀린다)
③ EP, 92~101°F	97°F	(맞는다/틀린다)

142 다음 중 전천후 윤활이 가장 나쁜 것은?
A. 110의 VI
B. 150의 VI
C. 175의 VI

143 다음 액체 중 상온에서 증기압이 가장 높은 것은?
A. 물
B. 나프타
C. 윤활유

144 위의 액체 중 증발력이 가장 큰 것은?

답 **140.** 1. B 2. C 3. A 4. D 5. F 6. E **141.** ① 틀린다 ② 맞는다 ③ 맞는다
142. A **143.** B **144.** 나프타

CHAPTER 03

불순물에 대한 시험
(Testing for Impurity)

제3장에서는 석유 제품에서 발견되는 몇 가지의 일반적인 불순물과 이 불순물이 제품 품질에 미치는 영향과 또 이 불순물의 존재하에서 제품은 어떻게 실험할 것인가 하는 것을 배우게 될 것이다.

001 원유는 탄화수소와 적은 양의 불순물(유황 등)을 함유하고 있다. 기타 불순물은 _____ 과정에서 제품에 가해질 수도 있다.

002 탄화수소가 아닌 것은 모두 유해한 불순물이라고 말할 수도 있다. 예를 들면 테트라에틸납은 항노킹 첨가제(Antiknock additive)로서 _____에 첨가된다.

003 다음 중 가솔린의 질을 저하시키는 것은 어느 것인가? 맞는 것에 O표를 하여라.
① 물
② 테트라에틸납
③ 유황
④ 분말 촉매
⑤ 흙

004 불순물의 존재를 검출하기 위하여 사용되고 있는 몇몇 실험은 시료를 화학적 반응 없이도 실시할 수 있다.
이것들을 (물리적/화학적) 실험이라고 한다.

005 다른 실험은 불순물을 분리시키기 위하여 화학 반응을 사용한다.
이것은 _____ 실험이라 한다.

답 1. 정유 2. 가솔린 3. ① O ③ O ④ O ⑤ O 4. 물리적 5. 화학적

1. 하부 침전물 및 물에 대한 시험 (Bottom Sediment and Water Test)

06 원유 중의 물은 유해한 (불순물/첨가제)이다.

07 만약 원유가 20%의 물을 함유하고 있다면 사용할 수 있는 오일의 백분율은 _____%로 감소한다.

08 연료유 중의 물도 역시 연료의 연소력을 (증가/감소)시킨다.

09 고형 물질은 밸브 및 내연 기관의 카뷰레이터를 막아버릴 수 있다. 이렇게 되면 엔진의 성능은 _____한다.

10 대부분의 제품들은 ___①___ 및 ___②___이 없어야 한다.

11 하부 침전물과 물 (BS and W) 실험에 있어서 시료를 고속으로 돌리면 물과 침전물은 함께 가라앉는다.
그러므로 BS and W는 (물리적/화학적) 실험이다.

12 이 실험에서 (물/침전물/물과 침전물)의 총량을 알 수 있다.

🗐　6. 불순물　7. 8.0　8. 감소　9. 감소　10. ① 물　② 고형 물질　11. 물리적
12. 물과 침전물

13
물의 함량만은 시료를 나프타와 증류물과의 혼합물(ASTM 증류 실험과 같은)에 혼합함으로써 측정할 수 있다.
이 과정에서는 시료에서부터 물이 _____된다.

14
어떤 실험은 시료 중의 고형 물질만을 측정한다.
_____은 시료에 대하여 알고자 하는 것에 따라 시행된다.

답 13. 분리 14. 실험

2. 추출 (Extraction)에 의한 연료유의 침전물

15 연료유는 과량의 침전물을 포함해서는 안 된다.
침전물은 연소가 부분 내부벽에 축적되어 연소기를 _____ 한다.

16 침전물 실험은 (연료유/윤활유)에 특히 중요하다.

17 추출 실험은 시료를 용제와 혼합한다.
액체와 용제를 혼합하면 녹 같은 고형 입자는 (녹는다/녹지 않는다).

18 고형물은 액체에서 분리하여 무게를 단다.
고형 물질의 무게는 연료유 시료 중의 _____ 의 양을 말한다.

19 추출 실험은 화학 반응이라고 말하지 않는다.
이것은 _____ 실험이다.

답 15. 파손 또는 폐쇄 16. 연료유 17. 녹지 않는다 18. 침전물 19. 물리

3. 회분(Ash), 코크스(Coke) 및 검(Gum)에 대한 시험

020 회분은 물질이 연소 후 남아 있는 잔류물이다.
연료유를 고온에서 연소시키면, _____이 시설물 안에 남아 있게 된다.

021 연료에 퇴적되는 회분의 양은 오일의 시료를 _____하고 고온에서 몇 분간 잔류물을 가열하여 측정한다.

022 잔류물을 칭량하여 _____의 백분율로 보고한다.

023 어떤 탄화수소는 열을 받으면 코크스 형태로 되는 경향이 있다.
코크스는 탄화수소가 열을 받을 때 _____로서 남는다.

024 예를 들면 원유가 가열로 관을 통과하고 있다.

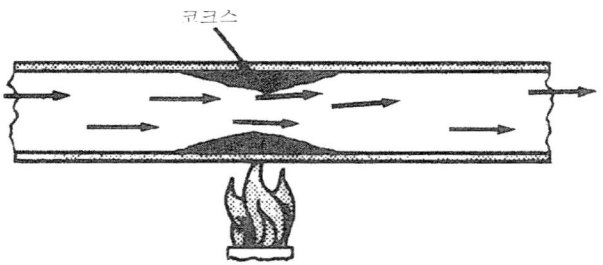

만약 불꽃이 관에 닿으면, 관 내의 원유는 지나치게 _____을 받는다.

025 큰 분자는 열적으로 분해되어 관벽에 _____를 남긴다.

📖 **20.** 회분 **21.** 연소 **22.** 회분 **23.** 잔유물 또는 퇴적물 **24.** 열 **25.** 코크스

26 "격리되어 있는 관"의 원유를 데우기 위하여 (많은/적은) 열을 가한다.

27 접촉 분해(Catalytic cracking) 공정에서 높은 열과 촉매는 큰 분자를 작은 분자로 쪼개기 위하여 사용된다.
이 고온 공정에서는 _____가 촉매에 퇴적될 수도 있다.

28 코크스는 가열이나 분해하는 동안에 형성될 수 있기 때문에 시료를 _____함으로써 제품이 코크스를 형성하는 경향을 실험한다.

29 실험의 한 종류는 시료를 특수 기구에서 가열한다.
열은 (가벼운/무거운) 탄화수소를 몰아낸다.

30 어떤 가장 무거운 탄화수소는 기구 내에 _____를 형성한다.

31 잔류 퇴적물을 비교적 많이 남기는 시료는 분해 또는 _____될 때 코크스를 형성하기 쉽다.

32 이러한 탄화수소는 좋은 연료유를 만들 수 (있다/없다).

33 큰 분자는 작은 분자보다 코크스를 형성하기 (쉽다/쉽지 않다).

34 검(Gum)은 연료유가 증발한 후 남아 있는 _____한 잔류물이다.

---

26. 많은 **27.** 코크스 **28.** 가열 또는 분해 **29.** 가벼운 **30.** 코크스 **31.** 가열
32. 없다 **33.** 쉽다 **34.** 끈끈

35 자동차인 경우 가솔린은 카뷰레터에서 증발된다.
그 연료가 검을 형성하는 경향이 있다면 _____ 는 검이 축적되어 성능이 줄어든다.

36 그래서 (가솔린/윤활유)은 검을 형성하는 경향이 없어야 한다는 것이 중요하다.

37 이 검 실험은 연료유를 사용한 후에 일어나는 것을 다만 예측할 수 있기 때문에 이 실험은 (분석/예측) 실험이다.

38 물, 침전물, 회분, 코크스 및 검은 석유 제품에 존재할 수 있는 _____ 이다.

39 불순물은 제품의 효용을 떨어뜨린다.
불순물은 밸브, 카뷰레터 및 기타 기구를 ___①___ 한다.
불순물은 연료의 연소능 및 윤활유의 윤활능을 ___②___ 시킨다.

40 물과 침전물은 제품에 있는 불순물이다.
회분, 검 및 형성된 코크스 양은 _____ 의 성질에 의하여 측정된다.

답 35. 카뷰레터 36. 가솔린 37. 예측 38. 불순물 39. ① 폐쇄 ② 감소
40. 탄화수소

4. 운점 및 유동점(Cloud and Pour Point)

41 많은 탄화수소 제품은 왁스를 함유하고 있다.
낮은 온도에서 이 액체 왁스는 _____ 된다.

42 왁스의 양이 많은 오일은 온도가 (상승/하강)하면 응고한다.

43 이러한 오일은 (하한 온도 이하/상한 온도 이상)에서 저장하거나 사용할 수 없다.

44 운점과 유동점은 왁스의 존재를 검출하는 실험이다.
왁스는 시료 중에서 구름과 같이 생긴다.
운점은 왁스의 결정이 보이는 _____ 이다.

45 유동점에 도달하게 되면 액체 오일은 왁스 결정으로 둘러싸인다.

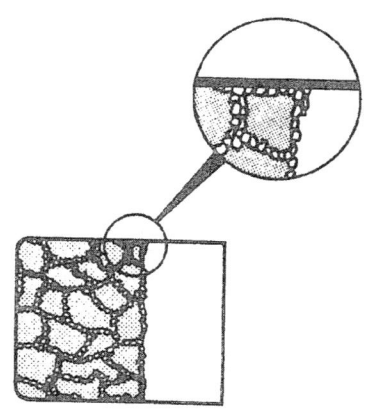

유동점이 있는 시료

이때 시료의 용기를 90°로 기울이면 오일은 (흐른다/흐르지 않는다).

답 41. 응고 42. 하강 43. 하한 온도 이하 44. 온도 45. 흐르지 않는다

046 오일이 아직 액체 상태이지만 _____ 결정이 오일을 용기 밖으로 흐르지 못하게 한다.

047 왁스가 대단히 적은 시료는 (높은/낮은) 유동점을 갖고 있다.

답 **46.** 왁스 **47.** 낮은

5. 유황 측정 시험

48 유황과 어떤 유황 화합물은 탄화수소와 반응하여 그 물질의 일부분으로 된다. 유황은 물리적 방법으로 제거할 수 (있다/없다).

49 유황과 유황 화합물은 시료를 항상 반응에 의하여 검출될 수 있는 화학적 물질이다.
대부분 유황 검출 실험은 _____ 실험이다.

50 유황은 부식성이 있으며 어떤 형태는 좋지 못한 냄새를 갖고 있다. 항상 제품은 대단히 _____ 유황을 갖고 있어야 한다는 것이 중요하다.

51 유황을 함유하고 있는 제품이 연소할 때, 아황산 가스가 발생한다.
    아황산 가스 + 물 = 아황산
이 가스가 _____ 과 혼합하면 부식성 산이 된다.

52 이것이 엔진 내의 연료 중에서 일어나는 반응을 알아보자.
_____ 은 엔진의 금속 부분을 침식한다.

53 적은 유황의 함량은 특히 (연료유/윤활유)에 중요하다.

54 유황과 유황 화합물은 역시 테트라에틸납의 성능을 감소시킨다.
이 불순물은 가납된(Leaded) 연료의 옥탄가를 _____ 시킨다.

답 48. 없다 49. 화학적 50. 적은 51. 물 52. 산 53. 연료유 54. 감소

6. 유황에 대한 닥터 시험
(The Doctor Test for Sulfur)

55 황화수소와 메르캅탄 유황은 냄새가 좋지 못한 유황 화합물이다.
그리고 모든 유황 화합물과 같이 _____이 있다.

56 닥터 시험은 시료를 황화수소 또는 메르캅탄 유황과 반응하는 시약과 혼합하는 것이다.
만약 시료와 화학 시약이 반응하면, 이 유황 화합물들이 시료에 (존재한다/존재 안 한다).

57 닥터 시험이 양성이면 시료는 황화수소 또는 메르캅탄 유황을 (함유/불함유)하고 있음을 의미한다.

58 양성 닥터 시험은 사워라고 보고한다. 즉, 시료는 황화수소 또는 메르캅탄 유황을 함유하고 있다.
이 화합물이 없으면 _____라고 보고한다.

59 유황과 유황 제품을 측정하기 위한 표준 실험은 많이 있다.
종류가 다른 유황 화합물을 측정하기 위하여는 각각 _____ 실험 방법을 사용한다.

---

55. 부식성   56. 존재한다   57. 함유   58. 스위트   59. 다른

7. 동판 부식 시험
(Copper Strip Corrosion Test)

60 동판 부식 시험은 유황과 동판을 _____시키는 다른 불순물의 존재를 검출하기 위하여 이용된다.

61 맑게 닦은 동판을 부식성 물질에 담그면 동판은 녹이 슨다.
부식성이 큰 액체는 (많이/약간) 녹슬게 한다.

62 잘 닦은 동판을 시료에 넣어 규정된 온도에서 규정된 시간 후 동판을 시료에서 꺼내어 _____을 검사한다.

63 부식 정도를 측정하기 위하여 동판을 표준 동판과 _____한다.

64 부식성 제품은 사용에 (적합/부적합)하다.

---

60. 부식 61. 많이 62. 부식 63. 비교 64. 부적합

8. 중화가(Neutralization Value : NV)에 의한 산 및 수산화물의 시험

65 공정 과정에서 어떤 제품은 산 또는 수산화물로 처리된다.
중화가 실험은 제품 중에 얼마나 많은 양의 수산화물 또는 _____이 아직 남아 있는가를 나타낸다.

66 완제품은 산 또는 수산화물을 함유 (하고 있어야 한다/하지 않는다).

67 이러한 불순물은 시설을 손상시키든가 부식시킨다.
이러한 산 또는 수산화물은 완제품으로 사용하기 전에 반드시 _____하여야 한다.

68 화학 반응에서 산은 수산화물을 중화시키고 수산화물은 산을 중화시킨다.
산성 시료를 중화하는 데 필요한 수산화물의 _____을 NV라고 한다.

69 수산화물을 중화하는 데 필요한 _____의 양을 또한 NV라고 한다.

70 높은 NV는 시료가 산 또는 수산화물의 양이 (많이/적게) 포함하고 있음을 표시한다.

71 NV는 (물리적/화학적) 시험이다.

答 65. 산 66. 하지 않는다 67. 제거 68. 양 69. 산 70. 많이 71. 화학적

9. 시료의 외양 시험 혼탁(Haze)

72 물과 어떤 화학 약품은 제품이 뿌옇게 또는 혼탁하게 보이게 되는 원인이 된다. 이들 제품들은 이러한 화학 약품 또는 물이 없으면 그 외양은 _____.

73 혼탁 시험은 시료를 통한 빛의 양과 맑은 시료(표준 시료)를 통한 빛의 양을 비교하는 것이다.
　　혼탁 시험은 _____과 규정 화공 약품이 없어야 하는 완제품에 대하여 실시한다.

74 화공 약품이 품질을 손상시키지 않을지라도 고객은 혼탁한 제품을 _____로 받아들일 수 있다.

답　72. 맑다　73. 물　74. 저질

10. 석유 제품의 색상(Color) 시험

075 색상 규격은 많은 제품에 적용된다. 일반적으로 색으로 오염 여부를 식별할 수 있다.
고객은 좋지 못한 색은 저질 또는 _____으로 간주한다.

076 석유 제품은 색으로 두 분류로 나눌 수 있다.
흰색의 제품은 작은 분자로 된 탄화수소를 포함해서 무색으로부터 엷은 황색까지를 말한다.
세이볼트 비색계(Saybolt colormeter)는 유리 표준색과 _____ 시료의 깊이를 비교함으로써 흰 제품의 색을 측정한다.

077 세이볼트 색의 범위는 +30(밝은 색)부터 -16(어두운 색)까지이다.
세이볼트 색 +5는 세이볼트 색 -5보다 (맑다/어둡다).

078 한 제품은 세이볼트 색이 +25이고 다른 것은 세이볼트 색이 -7이다.
A. 둘 다 흰 제품이다.
B. 하나만 흰 제품이다.

079 어두운 색은 ASTM 색도계로 측정한다.
흰 제품은 ASTM 색도계로 측정할 수 (있다/없다).

080 시료의 색은 표준 시료와 비교하여 표준의 _____ 숫자를 표시한다.

답 75. 불량품 76. 맞는 77. 맑다 78. A 79. 없다 80. 같은

81 색상 시험은 제품의 질을 표시하는 데 이용되며 _____을 검출하는 데 사용하기도 한다.

82 오염을 검출하기 위한 어떤 실험이든지 시료 용기가 _____하여야 하는 것이 중요하다.

83 세이볼트 실험 설비와 ASTM 색도계는 서로 교체가 안 된다.
적절한 설비를 사용할 수 있도록 시료는 올바르게 _____를 붙여야 함이 중요하다.

84 세이볼트 실험 설비로 측정하는 다른 실험을 생각해 보자.
그것은 세이볼트 _____ 실험이다.

85 그러나 색과 점도는 (같은/다른) 것이다.
세이볼트라는 사람이 두 실험 설비를 발명한 것이다.

86 두 실험 사이에 틀린 점을 말해 보아라.
각각의 다음 단위는 점도인가 또는 색인가?
① 35SSU (점도/색)
② 세이볼트 +20 (점도/색)
③ 30SSU (점도/색)
④ 세이볼트 -10 (점도/색)

---

81. 오염 **82.** 깨끗 **83.** 꼬리표 **84.** 점도 **85.** 다른 **86.** ① 점도 ② 색 ③ 점도 ④ 색

11. 복습 및 요약(Review and Summary)

87 다음 실험을 설명한 것 중 관련 있는 것끼리 짝을 지어라.
  A. 물과 불순물 실험
  B. 시료 중 왁스분을 표시
  C. 시료가 포함하고 있는 산 또는 수산화물의 양을 표시
  D. ASTM 색도계로 측정하는 것
  E. 스위트의 시료
  F. 유황

  1. NV
  2. BS와 W
  3. 어두운 색의 시료
  4. 운점 및 유동점
  5. 불필요한 불순물
  6. 닥터 시험

88 NV 실험은 (화학적/물리적) 실험이다.

89 대부분 유황 실험은 (화학적/물리적) 실험이다.

---

87. A. 2 B. 4 C. 1 D. 3 E. 6 F. 5   **88.** 화학적   **89.** 화학적

CHAPTER 04

제품 품질의 결정을 위한 제품 조성(Composition)의 이용

제4장에서 우리는 탄화수소의 구조에 관하여 배우게 되며 제품 조성이 제품 품질에 미치는 영향과 제품 조성을 측정하는 데 사용되는 몇 가지의 실험 방법을 배우게 될 것이다.

001 공정 관리 시험에 관하여 이미 배운 바를 복습하자.
　　　많은 시험이 정유 공정 과정에서 행하여진다.
　　　① 그 실험들은 공정을 _____하기 위한 기초로서 사용되고 있다.
　　　② 시료의 증기압 실험은 (화학적/물리적) 실험이다.
　　　③ 수산화물로 중화시킴으로써 산의 존재를 실험하는 것은 (물리적/화학적) 실험이다.
　　　④ 저장 중 연료가 검을 형성하는 경향을 실험하는 것은 _____ 실험이다.
　　　⑤ 공정 관리를 돕기 위하여 정유 중에 그러한 시험들을 할 수 있다.
　　　　또는 _____ 제품에 대하여 실험할 수도 있다.
　　　⑥ 완제품에 대한 실험은
　　　　A. 제품의 품질을 측정하기 위하여 사용된다.
　　　　B. 한 공정의 조업을 조절하기 위하여 사용된다.

002 제품의 품질은 한편으로는 제품의 혼합에 달려 있다.
제품이 어떻게 사용되느냐 하는 것은 제품이 _____으로 만들어졌느냐에 달려 있다.

003 공간을 점유하고 있는 물체는 물질이다.

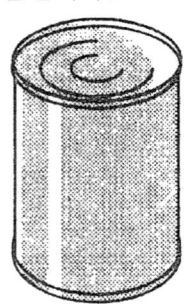

이 금속관은 물질(이다/이 아니다).

004 위의 관은 수소 가스로 채워져 있다.
　　　이 수소는 물질(이다/이 아니다).

답　1. ① 관리　② 물리적　③ 화학적　④ 예측　⑤ 완　⑥ A　**2.** 무엇　**3.** 이다　**4.** 이다

5 모든 물질은 단일 원소(Element) 또는 하나 이상의 여러 원소로 되어 있다. 예를 들면 탄소는 한 _____이다.

6 염화나트륨(식탁 소금)은 두 _____의 화학 결합으로 되어 있다.

7 염화나트륨은 나트륨 원소와 염소 _____로 만들어져 있다.

8 그 원소의 모든 성질을 갖고 있는 원소의 가장 작은 입자를 원자(Atom)라 한다. 탄소 원자는 _____ 원자로 만들어져 있다.

9 염화나트륨은 나트륨 _____와 염소 _____로 만들어져 있다.

10 원자는 _____의 가장 작은 입자이다.

11 순수한 산소는 _____ 원소의 원자만으로 되어 있다.

12 원소는 화합물을 만들기 위하여 서로 결합할 수 있다. 화합물을 두 개 또는 그 이상의 다른 _____를 함유하고 있다.

답 5. 원소 6. 원소 7. 원소 8. 탄소 9. ① 원자 ② 원자 10. 원소 11. 산소
12. 원소

13 이 그림은 소위 메탄이라고 하는 화합물을 그린 것이다.
H=수소
C=탄소

$$H-\underset{\underset{H}{|}}{\overset{\overset{H}{|}}{C}}-H$$

메탄가스는 다른 _____ 원소로 만들어져 있다.

14 메탄은 (한 원소/다른 두 원소)를 함유하고 있다.

15 화합물은 한 종류 이상의 원자를 포함하고 있다.
다른 원자들이 결합하여 분자를 형성한다.

$$H-\underset{\underset{H}{|}}{\overset{\overset{H}{|}}{C}}-H$$

이 그림은 한 메탄 _____ 를 그린 것이다.

16 메탄 분자는 탄소 원자 하나와 수소 원자 _____ 개를 함유하고 있다.

17 다른 종류의 원자는 결합하여 다른 종류의 분자를 형성한다.

$$H-\underset{\underset{H}{|}}{\overset{\overset{H}{|}}{C}}-\underset{\underset{H}{|}}{\overset{\overset{H}{|}}{C}}-H$$

에탄

에탄은 탄소 원자 2개와 수소 _____ 6개를 함유한다.

📋 13. 두 14. 다른 두 원소 15. 분자 16. 4 17. 원자

제4장 | 제품 품질의 결정을 위한 제품 조성(Composition)의 이용 93

18 다음 분자를 보아라.
O=산소
C=탄소   O=C=O
−=본드
한 탄소 ___①___ 는 두 산소 ___②___ 와 결합하고 있다.

19 이것들은 이산화탄소 _____를 형성한다.

20 석유 제품은 탄화수소이다. 다음에 나타낸 그림은 3가지의 다른 탄화수소 분자이다.

$$H-\underset{\underset{H}{|}}{\overset{\overset{H}{|}}{C}}-\underset{\underset{H}{|}}{\overset{\overset{H}{|}}{C}}-H \qquad H-C\equiv C-H \qquad H-\overset{\overset{H}{|}}{C}=\overset{\overset{H}{|}}{C}-H$$

에탄   아세틸렌   에틸렌

어떤 탄화수소 분자든지 ___①___ 와 ___②___ 원소만으로 되어 있다.

21 어떤 탄화수소든지 탄소 원자와 수소 원자로 되어 있다.

핵산   부탄

탄화수소 분자들은 다음과 같은 점이 다르다.
A. 그것들이 포함하고 있는 원소
B. 그것들이 포함하고 있는 탄소 원소와 수소 원소의 수

답 18. ① 원자 ② 원자 19. 분자 20. ① 탄소 ② 수소 21. B

022 가솔린은 대부분 탄화수소 분자의 혼합체이다.
그러므로 가솔린은 두 원소, ___①___ 와 ___②___ 를 함유하고 있다.

023 원유는 대부분 많은 다른 종류의 (탄화수소/비탄화수소) 혼합체이다.

024 탄화수소 분자는 ___①___ 원자와 ___②___ 원자를 함유하고 있다.

025 탄소 원자의 가장 작은 입자를 탄소 _____라 한다.

026 원자는 결합하여 _____를 형성한다.

027 두 개 또는 그 이상의 다른 원소로 되어 있는 물질을 (탄화수소/화합물)이라 한다.

028 탄화수소 분자는 ___①___ 와 ___②___ 만을 함유한다.

029 다음 기호 중 어느 것이 원자이며 어느 것이 분자인가?
① C   (원자/분자)
② O   (원자/분자)
③ H   (원자/분자)
④ O = C = O   (원자/분자)
⑤ H − Cl   (원자/분자)
⑥ H − C − H   (원자/분자)
     |
     H (위 아래)

답 22. ① 탄소 ② 수소 23. 탄화수소 24. ① 탄소 ② 수소 25. 원자 26. 분자
27. 화합물 28. ① 탄소 ② 수소 29. ① 원자 ② 원자 ③ 원자 ④ 분자 ⑤ 분자
⑥ 분자

30 원자와 원자를 연결한 선(-)을 화학 본드(Chemical bond)라 한다.

$$\begin{array}{c} \text{H} \quad \text{H} \\ | \quad | \\ \text{H} - \text{C} - \text{C} - \text{H} \\ | \quad | \\ \text{H} \quad \text{H} \end{array}$$

탄화수소에 있어서 각 수소 원자는 (한 개/네 개)의 화학 본드를 갖고 있다.

31 각 탄소 원자는 _____개의 화학 본드를 갖고 있다.

32 탄화수소에 있어서 탄소 원자의 각 본드는 항상 어떤 것을 붙들고 있다.

$$\begin{array}{c} \text{H} \quad \text{H} \quad \text{H} \\ | \quad | \quad | \\ \text{H} - \text{C} - \text{C} - \text{C} - \text{H} \\ | \quad | \quad | \\ \text{H} \quad | \quad \text{H} \\ \text{H} - \text{C} - \text{H} \\ | \\ \text{H} \end{array}$$

이소부탄

각 본드는 수소 원자 또는 다른 _____ 원자를 붙들고 있다.

33 제품의 품질은 많은 다른 물질에 달려 있다.
유황과 같은 오염 물질은 제품의 품질을 _____시킨다.

34 제품 중의 분자의 종류도 그 품질에 영향을 준다.
예를 들면, 작은 분자는 크고 무거운 분자보다 증발력이 (크다/작다).

---

30. 한 개 **31.** 4 **32.** 탄소 **33.** 저하 **34.** 크다

035 (작은/큰) 분자의 백분율이 큰 연료유는 엔진 속에서 증발을 잘 한다.

036 이 작은 분자는 좋은 (연료유/윤활유)를 만든다.

037 분자의 크기도 역시 점도에 영향을 준다.
큰 분자로 된 점성이 큰 액체는 작은 분자로 된 점성이 낮은 액체보다 윤활성이 (좋다/나쁘다).

038 탄화수소는 여러 가지 면에서 다르다.

$$\begin{array}{c} H \\ | \\ H-C-H \\ | \\ H \end{array} \qquad \begin{array}{c} H\ H\ H\ H \\ |\ \ |\ \ |\ \ | \\ H-C-C-C-C-H \\ |\ \ |\ \ |\ \ | \\ H\ H\ H\ H \end{array}$$

메탄 　　　　　　　부탄

부탄은 메탄과 다르다. 그 이유는 분자가 (작기/크기) 때문이다.

039 보통 메탄과 부탄은 좋은 윤활제(이다/가 아니다).

040 그것들은 너무 쉽게 _____한다.

답　**35.** 작은　**36.** 연료유　**37.** 좋다　**38.** 크기　**39.** 가 아니다　**40.** 증발

41 가솔린 속에는 다음과 같은 두 가지의 다른 분자들이 들어 있다.

```
    H   H   H   H   H   H   H   H
    |   |   |   |   |   |   |   |
H - C - C - C - C - C - C - C - C - H
    |   |   |   |   |   |   |   |
    H   H   H   H   H   H   H   H
              A. 옥탄
```

```
    H   H   H   H   H   H
    |   |   |   |   |   |
H - C - C - C - C - C - C - H
    |   |   |   |   |   |
    H   H   H   H   H   H
            B. 헥산
```

분자 A는 더 많은 탄소 원자를 포함하고 있고 더 (크다/작다).

42 가솔린 속에는 두 가지 이상의 분자들이 들어 있다.

A. 헵탄   B. 이소옥탄

이들 두 분자는 (같은/다른) 탄소 원자수를 포함하고 있다.

답 41. 크다   42. 같은

043 이들은 (원자수/구조) 때문에 서로 다르다.

044 탄화수소 분자들은 원자수와 _____에 따라 달라질 수 있다.

045 원자수의 구조는 탄화수소 분자들의 동작에 영향을 (미칠 수 있다/미칠 수 없다).

046 다음 두 분자는 서로 다른 구조를 가지고 있다.

```
    H   H                  H   H
    |   |                  |   |
H - C - C - H          H - C = C - H
    |   |
    H   H
      에탄                  에틸렌
```

그러나 이들은 (같은/다른) 탄소 원자수를 가지고 있다.

047 _____의 원자수는 다르다.

048 원자 사이의 결합도 역시 다르다.
에틸렌은 (이중/삼중) 결합을 가지고 있다.

049 탄화수소는 첫째로 탄소 원자수에 따라 구별된다.

```
    H   H   H                  H   H   H   H
    |   |   |                  |   |   |   |
H - C - C - C - H          H - C - C - C - C - H
    |   |   |                  |   |   |   |
    H   H   H                  H   H   H   H
         프로판                        부탄
```

따라서 위의 두 물질은 다른 탄화수소(가 아니다/이다).

답 43. 구조 44. 구조 45. 미칠 수 있다 46. 같은 47. 수소 48. 이중 49. 이다.

50 탄화수소는 다시 구조에 의하여 구별된다.

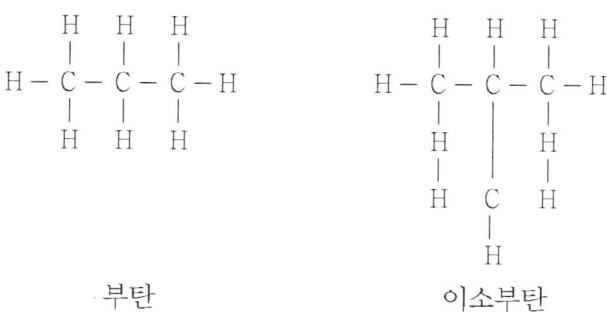

부탄   이소부탄

이들은 같은 수의 탄소와 수소를 가지고 있으므로, 위의 분자들은 _____의 두 가지 형태이다.

51 그러나 이소부탄은 (직쇄상/측쇄상)이다.

52 부탄과 이소부탄은 같은 수의 탄소와 수소 원자를 가지고 있다.
이들은 구조가 (같다/다르다).

53 탄화수소는 이들이 가지고 있는 결합 상태에 따라 이름이 불린다.

$$H-C=C-H \qquad H-C\equiv C-H$$
에틸렌   아세틸렌

(에틸렌에는 C에 각각 H가 결합)

이 두 화합물은 같은 수의 _____ 원자를 가지고 있다.

54 그러나 이들은 ___①___ 원자의 수가 다르고 서로 다른 ___②___ 을 가지고 있다.

---

50. 부탄   **51.** 직쇄상   **52.** 다르다   **53.** 탄소   **54.** ① 수소 ② 결합

55 만약 우리가 탄소의 원자수에 따라 탄화수소를 분류한다면 다음 중 어느 두 개가 같은 종류일까?

```
    H   H              H   H              H   H   H
    |   |              |   |              |   |   |
H — C = C — H      H — C — C — H      H — C — C — C — H
                       |   |              |   |   |
                       H   H              H   H   H
        A                  B                    C
```

(A와 B / A와 C / B와 C)

56 결합에 따라 분류시키면 다음 중 어느 두 개가 같은 종류일까?

```
    H   H   H              H   H   H              H   H
    |   |   |              |   |   |              |   |
H — C — C = C — H      H — C — C — C — H      H — C = C — H
    |                      |   |   |
    H                      H   H   H
          A                      B                    C
```

(A와 B / A와 C / B와 C)

57 이와 같은 결합은 탄화수소의 동작에 영향을 미치게 (된다 / 되지 않는다).

답   55. A와 B   56. A와 C   57. 된다

1. 포화 및 불포화 탄화수소
(Saturated and Unsaturated Hydrocarbon)

58 다음 두 분자를 비교하여라.

$$H-C\equiv H \qquad H-\underset{\underset{H}{|}}{\overset{\overset{H}{|}}{C}}=\underset{\underset{H}{|}}{\overset{\overset{H}{|}}{C}}-H$$

2중 및 3중 결합을 가지는 분자들은 단일 결합을 갖는 분자보다 수소 원자를 (많이/적게) 가지고 있다(단, 같은 탄소 원자수일 때).

59 2중 또는 3중 결합 분자에는 수소 원자를 더 첨가시킬 수 있다.

그러면 2중 결합이나 3중 결합은 _____ 결합으로 된다.

60 다음 분자를 보아라.

이 분자에 수소를 더 첨가시킬 수 (있다/없다).

---

58. 적게 **59.** 단일 **60.** 없다

061 탄화수소가 불포화일 때는 수소 원자를 더 첨가시킬 수 있다.

$$\begin{array}{c} H\ H\ H\ H\ H \\ |\ \ |\ \ |\ \ |\ \ | \\ H-C-C-C-C-C-H \\ |\ \ |\ \ |\ \ |\ \ | \\ H\ H\ H\ H\ H \\ A \end{array} \qquad \begin{array}{c} H\ H\ \ \ \ H\ H \\ |\ \ |\ \ \ \ \ |\ \ | \\ H-C-C=C-C-C-H \\ |\ \ |\ \ \ \ \ |\ \ | \\ H\ \ \ \ \ \ H\ H \\ B \end{array}$$

불포화된 분자는 (A/B)이다.

062 수소를 B에 더 첨가시키면 2중 결합은 단일 결합으로 된다.
그러면 B는 수소를 더 취할 수 (있다/없다).

063 탄화수소가 수소를 완전히 포함하였을 경우, 이 탄화수소는 포화되었다고 한다.

$$\begin{array}{c} H\ H \\ |\ \ | \\ H-C-C-H \\ |\ \ | \\ H\ H \\ \text{에탄} \end{array} \qquad \begin{array}{c} H\ \ H \\ |\ \ \ | \\ H-C=C-H \\ \\ \text{에틸렌} \end{array}$$

어떤 것이 포화되었는가? (에탄/에틸렌)

064 2중 결합 분자는 (포화/불포화)되었다.

065 단일 결합 분자는 (포화/불포화)되었다.

---

61. B 62. 없다 63. 에탄 64. 불포화 65. 포화

66 다음 분자들은 포화인가 불포화인가?

$$H-\underset{\underset{H}{|}}{\overset{\overset{H}{|}}{C}}-H \qquad H-C\equiv C-H$$

A. _____   B. _____

$$H-\underset{|}{\overset{|}{C}}=\underset{|}{\overset{|}{C}}-H \qquad H-\underset{H}{\overset{H}{|}}C-\underset{H}{\overset{H}{|}}C-\underset{H}{\overset{H}{|}}C-\underset{H}{\overset{H}{|}}C-H$$

C. _____   D. _____

67 다음 중 수소 원자 존재하에서 어떤 것이 더 안정한가? (포화/불포화) 분자

68 (포화/불포화) 분자가 더 반응할 경향이 많다.

---

66. A. 포화 B. 불포화 C. 불포화 D. 포화 **67.** 포화 **68.** 불포화

2. 환상 및 쇄상 화합물
(Ring or Cyclo Compounds and Chain Compounds)

069 다음의 두 분자는 같은 수의 탄소 원자를 가지고 있다.

A

B

이들이 서로 다른 것은 (원자수/구조)이다.

070 분자 A는 직쇄상 화합물이다.
분자 B는 (환상 화합물/쇄상 화합물)이다.

071 이들은 모두 탄화수소 화합물(이다/이 아니다).

072 A와 같은 탄화수소는 쇄상 탄화수소이라 한다.
B와 같은 탄화수소는 _____ 탄화수소라 한다.

---

69. 구조 **70.** 환상 화합물 **71.** 이다 **72.** 환상

073 다음의 화합물은 쇄상 화합물인가, 환상 화합물인가?

A. _____   B. _____

C. _____   D. _____

074 어떤 환상 화합물은 2중 결합을 가질 때가 있다. 이때에는 쇄상 화합물로서 (포화/불포화) 탄화수소이다.

075 환상 화합물의 한 종류는 항상 3개 이상의 2중 결합을 갖는다.

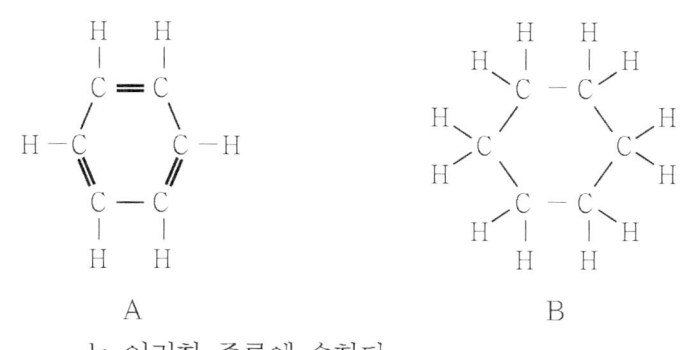

분자 _____는 이러한 종류에 속한다.

---

73. A. 환상 B. 환상 C. 쇄상 D. 쇄상 **74.** 불포화 **75.** A

076 분자 B는 (포화/불포화)되었다.

077 이 분자는

```
    H  H  H  H  H  H  H  H
    |  |  |  |  |  |  |  |
H — C— C— C— C— C— C— C— C— H
    |  |  |  |  |  |  |  |
    H  H  H  H  H  H  H  H
```

(직쇄상/환상) 화합물이다.

078 포화된 직쇄상 화합물은 파라핀족이라 한다.

```
    H  H  H  H  H  H                    H   H
    |  |  |  |  |  |                    |   |
H — C— C— C— C— C— C— H              H— C = C— H
    |  |  |  |  |  |
    H  H  H  H  H  H
            A                              B
```

(A/B)가 파라핀이다.

079 포화된 이소화합물도 역시 파라핀족에 속한다. 이른바 이소파라핀이라 한다.

A는 (파라핀/이소파라핀)이다.

---

76. 포화   **77.** 직쇄상   **78.** A   **79.** 이소파라핀

080 B는 _____ 이다.

081 다음의 분자는

$$H-\underset{\underset{H}{|}}{\overset{\overset{H}{|}}{C}}-\overset{\overset{H}{|}}{C}=\overset{\overset{H}{|}}{C}-H$$

(포화/불포화)이다.

082 이것은 (환상/쇄상) 화합물이다.

083 불포화된 쇄상 화합물을 올레핀족이라 한다.

A   B   C

① 분자 _____는 파라핀이다.
② 분자 B는 _____이다.
③ 분자 C는 _____이다.

084 이 분자는

(포화/불포화)되어 있다.

---

80. 파라핀   81. 불포화   82. 쇄상   83. ① A   ② 올레핀   ③ 이소파라핀   84. 포화

085 이것은 _____ 화합물이다.

086 포화된 환상 화합물을 나프텐족이라 한다.

A

B

C

① 분자 A는 _____이다.
② 분자 B는 _____이다.
③ 분자 C는 _____이다.

087 불포화 환상 화합물이 3개 이상의 2중 결합을 갖는 것을 방향족(Aromatic series)라 한다.

A B

분자 (① A/B)는 방향족(Aromatic) H.C이다.
분자 B는 _____② _____이다.

답 85. 환상　86. ① 나프텐　② 올레핀　③ 파라핀　87. ① A　② 나프텐

88 다음 분자를 보아라.

```
     H   H   H   H   H
     |   |   |   |   |
 H － C － C － C － C － C － H
     |   |   |   |   |
     H   H   H   H   H
```

이 분자는 (① 포화/불포화) 화합물이다.
이것은 (② 환상/직쇄상/이소) 화합물이다.

89 다음 분자를 보아라.

```
     H   H   H   H
     |   |   |   |
 H － C － C － C － C － H
     |   |   |   |
     H   |   H   H
         |
     H － C － H
         |
         H
```

이것은 (① 포화/불포화) 화합물이다.
이것은 (② 이소파라핀/이소올레핀)이다.

90 다음 분자를 보아라.

```
     H   H   H
     |   |   |
 H － C － C ＝ C － H
     |
     H
```

① 이 분자는 (포화/불포화) 화합물이다.
② 이것은 (환상/직쇄상/이소) 화합물이다.
③ 이것은 (파라핀/올레핀/나프텐/방향)족이다.

---

88. ① 포화 ② 직쇄상 **89.** ① 포화 ② 이소파라핀 **90.** ① 불포화 ② 직쇄상 ③ 올레핀

091 다음 분자를 보아라.

① 이 분자는 (포화/불포화) 화합물이다.
② 이것은 (환상/쇄상) 화합물이다.
③ 이것은 (나프텐/방향)족이다.

092 다음 분자를 보아라.

① 이 분자는 (포화/불포화) 상태이다.
② 이것은 (환상/쇄상) 화합물이다.
③ 이것은 _____이다.

91. ① 포화 ② 환상 ③ 나프텐 92. ① 불포화 ② 환상 ③ 방향족

3. 탄화수소의 성질은 제품 품질에 어떤 영향을 미치는가?

93 다음은 파라핀족의 탄화수소이다.

화합물	B.P	화학식	탄소수
메탄	$-259°F$	CH_4	1
에탄	$-128°F$	C_2H_6	2
프로판	$-44°F$	C_3H_8	3
부탄	$31°F$	C_4H_{10}	4
펜탄	$97°F$	C_5H_{12}	5
헥산	$156°F$	C_6H_{14}	6
헵탄	$209°F$	C_7H_{16}	7
옥탄	$258°F$	C_8H_{18}	8
노난	$303°F$	C_9H_{20}	9
데칸	$345°F$	$C_{10}H_{22}$	10

분자의 크기가 커질수록 이들의 B.P는 _____ 한다.

94 이 파라핀 중 실온에서 다음 네 가지는 가스 상태이다.
① _____
② _____
③ _____
④ _____

95 (작은/큰) 분자가 쉽게 기화한다.

96 분자가 작을수록 증기압은 (높다/낮다).

---

93. 상승 **94.** ① 메탄 ② 에탄 ③ 프로판 ④ 부탄 **95.** 작은 **96.** 높다

097 불포화 탄화수소는 수소 원자를 더 취하려고 "대기"하고 있다.
불포화 탄화수소는 파라핀보다 반응성이 더 (크다/작다).

098 다음 두 분자를 살펴보자.

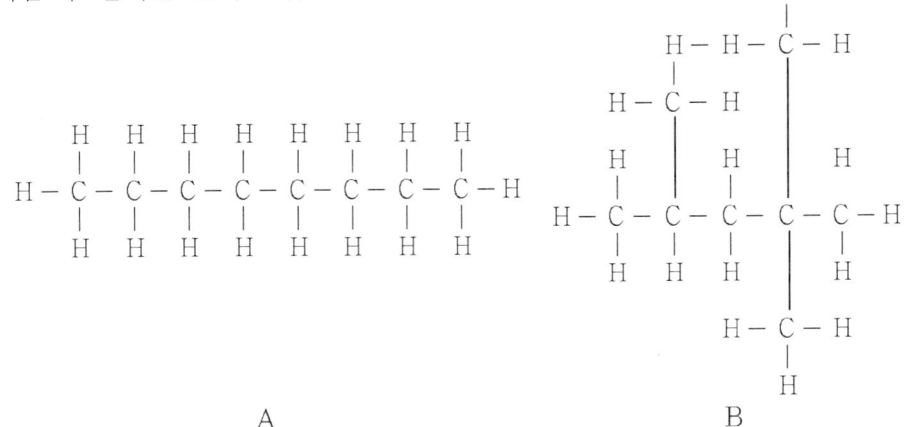

탄소 원자가 더 밀접해 있는 것은 (A/B)이다.

099 밀집된 원자는 (천천히 그리고 균일하게 탄다/빨리 타고 엔진의 노킹 현상의 원인이 된다).

100 분자 B는 천천히 타기 때문에 노킹에 영향을 적게 미친다.
분자 (A/B)가 연료로서 더 좋다.

101 다음 어떤 것이 앤티노크가 좋은가?
A. 선형 직선 파라핀 또는 직쇄상 파라핀을 많이 포함한 가솔린
B. 이소 또는 분기 사슬 파라핀을 많이 포함한 가솔린

102 직쇄상 파라핀을 많이 포함한 가솔린은 연료로 (좋다/나쁘다).

답   97. 크다 98. B 99. 천천히 그리고 균일하게 탄다 100. B 101. B 102. 나쁘다

4. 탄화수소의 형태를 알기 위한 브로민 시험(Bromine Test)의 이용

103 다음 어떤 화합물에 수소를 첨가시키면 수소가 탄화수소와 반응을 할까? 이것은 (불포화/포화) 탄화수소이다.

104 만약 많은 양의 수소가 반응한다면 이 시료는 (포화/불포화) 탄화수소이다.

105 브로민은 수소와 같이 불포화 탄화수소와 화학적 반응을 일으킨다.

$$\begin{array}{c} \text{H H H H} \\ | \ | \ | \ | \\ \text{H}-\text{C}-\text{C}=\text{C}-\text{C}-\text{H} \\ | \ | \ | \ | \\ \text{H} \quad \text{H} \\ \text{A} \end{array} \qquad \begin{array}{c} \text{H} \\ | \\ \text{H}-\text{C}-\text{H} \\ | \\ \text{H} \\ \text{B} \end{array}$$

브로민은 (A/B)와 반응한다.

106 브로민은 불포화 탄화수소와 반응하기 전에는 갈색의 시약이다.
_____한 후의 새 화합물은 무색이다.

107 브로민은 어떤 무색의 시료에 가했을 때 이 시료가 무색으로 존재한다면 이 시료는 불포화 탄화수소를 포함하고 (있다/있지 않다).

108 갈색으로 변할 때까지 계속 브로민을 가한다면, 모든 불포화 분자는 이미 _____ 이 끝났고 브로민이 남아 있다는 뜻이다.

---

103. 불포화 **104.** 불포화 **105.** A **106.** 반응 **107.** 있다 **108.** 반응

109 _____을 과량 가하면 시료는 갈색으로 변한다.

110 브로민가란 일정량의 시료와 반응하는 시료량이다. 높은 브로민가는 시료 속에 불포화된 올레핀 양이 (많다/적다)는 것을 뜻한다.

111 화학 반응을 동반하기 때문에 이 브로민 시험은 (물리적/화학적) 실험이다.

112 브로민가는 (파라핀과 나프텐/올레핀)을 정량한다.

답   **109.** 브로민   **110.** 많다   **111.** 화학적   **112.** 올레핀

5. 열분해 유분의 품질을 결정하기 위한 아닐린점(Aniline Point)의 이용

113 용제란 그 속에 무엇이 녹아 들어갈 수 있는 액체이다.
예로서, 소금은 물에 (녹는다/안 녹는다).

114 (물/소금)이 용제이다.

115 가솔린과 등유는 섞인다.
가솔린과 등유는 서로 용제(이다/가 아니다).

116 고온은 용제의 기능을 좋게 해 준다.

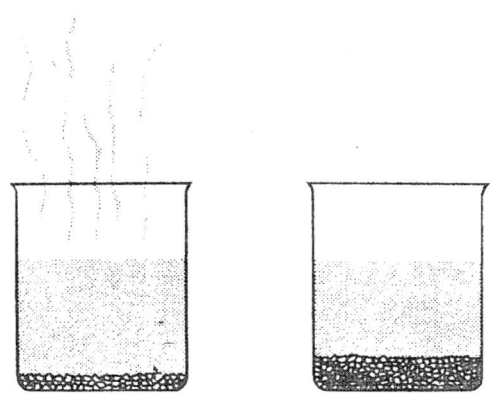

예로서, 더운물은 찬물보다 소금 결정을 (많이/적게) 녹일 수 있다.

117 뜨거운 물에 소금 결정이 녹아 들어갈 만큼 많이 녹아 들어갔다면, 이 물이 식으면 _____ 결정은 용액 밖으로 나온다.

---

113. 녹는다 114. 물 115. 이다 116. 많이 117. 소금

118 탄화수소는 어떤 물질에 대해서는 용제이다.
예로서, 가솔린은 _____ 와 섞인다.

119 등유는 _____ 에 대하여 용제이다.

120 아닐린은 어떤 탄화수소 화합물이 녹아 들어갈 수 있는 화학 물질이다.
아닐린은 어떤 탄화수소에 대하여 용제(가 아니다/이다).

121 아닐린점을 측정하기 위하여 아닐린과 동량의 시료를 같이 섞어서 이 혼합물을 식힌다.
아닐린점은 이 두 탄화수소가 섞일 수 있는 가장 (낮은/높은) 온도이다.

122 아닐린점 이하에서는 과 시료는 분리된다.
아닐린점 _____ 에서는 아닐린과 시료는 서로 용해한다.

123 어떤 시료는 매우 낮은 온도에서도 아닐린과 섞인다.
이런 시료는 (높은/낮은) 아닐린점을 갖는다.

124 방향족은 파라핀이나 나프텐보다 아닐린에 더욱 잘 녹는다.
방향족은 (포화/불포화)된 환상 화합물이다.

118. 등유 119. 가솔린 120. 이다 121. 낮은 122. 이상 123. 낮은
124. 불포화

125 매우 낮은 아닐린점을 갖는 시료는 다음 중 어떠한 성분을 가장 많이 포함하는가?
A. 나프텐
B. 파라핀
C. 방향족

126 방향족은 접촉 분해가 잘 안 되는 물질이다.
아닐린점이 낮은 물질을 분해 원료로서 (좋다/좋지 않다).

---

125. C 126. 좋지 않다

6. 탄화수소 확인을 위한 빛의 이용 굴절률
(Refraction index)

127 다음 그림을 보아라.

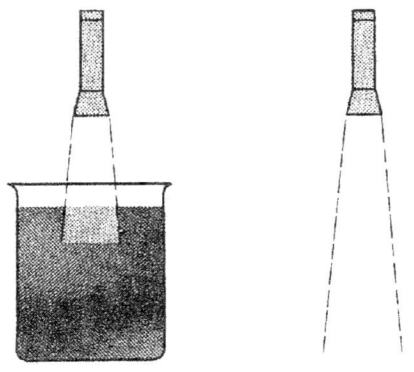

빛은 (액체/공기)를 더 빨리 통과한다.

128 빛은 통과하는 액체가 달라지면 통과 속도도 달라진다.
다른 탄화수소 액체를 통과할 때는 (같은/다른) 속도로 지난다.

129 비커에 모터오일과 가솔린이 들어 있다.

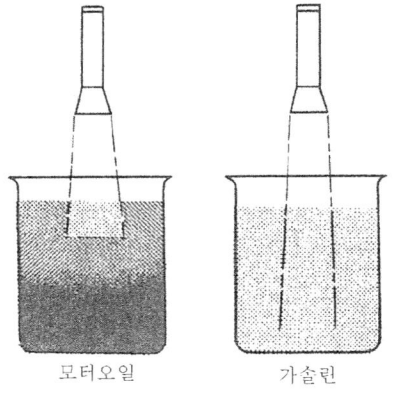

모터오일   가솔린

이 두 용기를 통과하는 빛의 속도는 (같다/다르다).

답   **127.** 공기   **128.** 다른   **129.** 다르다

제4장 | 제품 품질의 결정을 위한 제품 조성(Composition)의 이용 119

130 빛의 방향이 달라지면 속도는 감소된다.

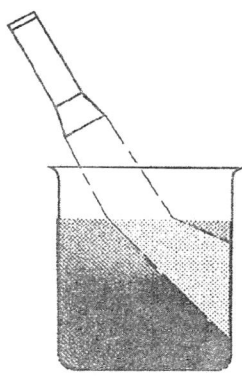

빛이 공기에서 액체로 들어가면 방향은 (바뀐다/직진한다).

131 빛이 바뀌는 것을 굴절이라 한다.
오일을 통과하는 빛은 굴절(된다/안 된다).

132 빛이 공기를 통과할 때는 많이 굴절(된다/안 된다).

133 다음 두 액체를 비교해 보아라.

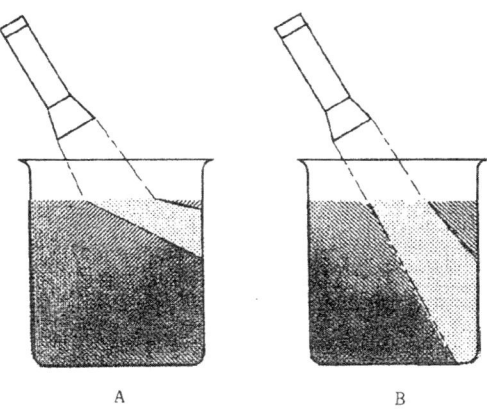

액체 (A/B)가 더 많이 빛을 굴절시킨다.

답 130. 바뀐다 131. 된다 132. 안 된다 133. A

134 빛의 방향은 가볍고 밝은 액체보다 무겁고 어두운 액체를 통과할 때 더 많이 굴절된다.
다음 중 어느 것이 빛을 더 굴절시키는가?
A. 가볍고 밝은 액체
B. 무겁고 어두운 액체

135 굴절률은 빛의 굴절되는 정도를 표시한다.
탄화수소의 종류가 다르면 굴절률은 (같다/다르다).

136 다음 중 어느 것이 굴절률이 높은가?
(가솔린/윤활유)

137 가끔 탄화수소는 _____률에 의해 확인될 수도 있다.

138 굴절률(RI)은 또한 석유, 화공 약품의 (순도/API 비중)을 측정하는 데 이용된다.

답 134. B 135. 다르다 136. 윤활유 137. 굴절 138. 순도

7. 증기 터빈(Steam Turbine) 오일의 품질 시험

139 오일은 물에 녹지 않는다.

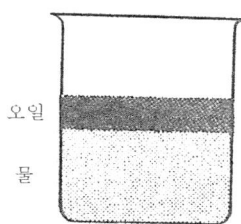

따라서 기름과 물이 섞이면 이들은 (용액이 된다/분리 상태로 존재한다).

140 어떤 오일은 미세한 분자로 나뉘어져 물과 섞일 때가 있는 데 이를 유화 (Emulsion)라 한다.

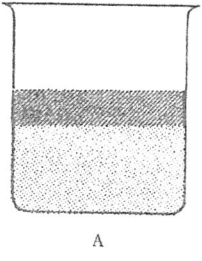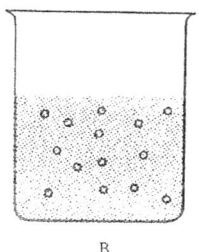

혼합물 (A/B)가 유화 상태이다.

141 이 유화 현상은 윤활제의 윤활 작용을 (증가/저하)시킨다.

142 증기 기관은 증기에 의해 작동된다.
증기는 _____로 만든다.

---

139. 분리 상태로 존재한다 **140.** B **141.** 저하 **142.** 물

143 응축된 수증기나 물은 오일과 _____를 형성할 수 있다.

144 오일-물의 유화 현상은 좋은 윤활제가 될 수 없다.
증기 기관용 윤활제는 물과 유화(되면 안 된다/되어도 관계없다).

145 어떤 오일은 물과 작용하여 영구 유화액을 형성한다. 이러한 윤활유는 증기 기관에 (좋은/나쁜) 윤활제이다.

답 **143.** 유화 **144.** 되면 안 된다 **145.** 나쁜

8. 모터 및 디젤 연료유의 품질 시험 옥탄가 (Octane Numer)

146 옥탄가는 모터 연료유의 앤티노킹의 지침이 된다.
질이 좋은 모터 연료유는 (높은/낮은) 옥탄가를 갖는다.

147 가솔린은 여러 종류의 탄화수소 분자 즉 파라핀, 이소파라핀, 나프텐, 올레핀 및 방향족으로 만들어져 있다.
가솔린의 종류가 다르면 옥탄가가 (같다/다르다).

148 옥탄가는 기준 연료의 노킹성과 각 연료유의 노킹성을 _____하여 결정한다.

149 기준 연료유는 이소옥탄과 노멀헵탄의 혼합물이다.
다음 탄화수소 분자를 보아라.

이소옥탄   노멀헵탄

_____의 분자가 더 크다.

---

146. 높은   147. 다르다   148. 비교   149. 이소옥탄

150 이소옥탄은 더 크고 탄소 원자가 밀접하게 되어 있기 때문에 천천히 그리고 균일하게 탄다. 이소옥탄은 (높은/낮은) 옥탄가를 가지고 있다.

151 이소옥탄의 옥탄가는 100으로 정한다.
노멀헵탄은 (낮은/높은) 옥탄가를 가지고 있다.

152 노멀헵탄의 옥탄가는 0으로 정한다.
이것은 엔진에서 _____ 현상이 일어난다.

153 이소옥탄 80%와 노멀헵탄 20%의 혼합물은 옥탄가가 _____이다.

154 노멀헵탄 80%와 이소옥탄 20%의 혼합물은 옥탄가가 _____이다.

155 미지 연료유의 옥탄가를 알기 위해 기준의 이소옥탄/노멀헵탄 혼합물의 노킹 강도와 비교한다.
미지 연료유의 노킹성이 50대 50 비율의 노멀헵탄과 이소옥탄의 노킹 강도와 꼭 같다면, 이 연료유는 _____의 옥탄가를 가지고 있다.

156 엔진의 기능을 다하기 위하여 여기에 사용되는 가솔린의 옥탄가는 엔진이 필요로 하는 옥탄가보다 (높아야/낮아야) 한다.

답 **150.** 높은 **151.** 낮은 **152.** 노크 **153.** 80 **154.** 20 **155.** 50 **156.** 높아야

157 시판되는 가솔린은 오직 노멀헵탄과 이소옥탄으로 만들어진다. (사실이다/사실이 아니다).

158 가솔린은 많은 여러 가지의 탄화수소의 혼합물이다.
이것의 옥탄가는 이것의 노킹성을 이소옥탄과 노멀헵탄의 혼합물과 _____하여 결정한다.

---

157. 사실이 아니다 **158.** 비교

9. 세탄가(Cetane Number)

159 세탄가는 옥탄가와 마찬가지로 측정한다.
단 이소옥탄의 % 대신에 세탄가는 혼합물 중의 _____의 %이다.

160 혼합물의 다른 성분은 세탄가가 0인 알파메틸 나프틸렌이다.
세탄은 세탄가가 _____이다.

161 세탄가가 높을수록 디젤 연료유는 좋다.
세탄가 70을 갖는 연료는 세탄가 40을 갖는 연료보다 (좋다/나쁘다).

162 디젤 연료유의 세탄가는 모터와 항공기 연료유의 _____가에 해당한다.

163 가솔린 엔진과 디젤 엔진은 같은 연료유를 사용(한다/하지 않는다).

164 연료유를 디젤 엔진의 연소통에 주입시켰을 때는 발화가 즉시 일어나지 않는다. 이 지연의 일부 원인은 _____가에 기인한다.

165 지연이 너무 길면 엔진이 가동하기 힘들다. 지연이 _____수록 엔진의 가동이 좋아진다.

166 세탄가가 높을수록 발화는 빨라진다. 세탄가가 높을수록 연료유의 품질은 _____.

답 159. 세탄 160. 100 161. 좋다 162. 옥탄 163. 하지 않는다 164. 세탄
165. 짧을 166. 좋다

10. 색채 안정성 시험(Color Stability Test)

167 등유와 난방유는 저장 중 색이 변하는 경향이 있다.
색채 안정도 시험은 색 변화의 _____을 예측할 수 있다.

168 불안정한 성분은 _____의 변화에 의하여 나타날 수도 있다.

169 시료의 색을 측정한 다음 100℃에서 16시간 동안 가열시킨 후 이 두 색을 _____한다.

170 만약 본래의 시료와 가열된 시료의 색의 변화가 _____ 이 두 제품은 불안전하다.

171 만약 색의 차이가 많으면, 이 제품은 6개월간의 _____ 후에는 색이 변한다고 예측할 수 있다.

---

167. 경향 168. 색 169. 비교 170. 많으면 171. 저장

11. 복습 및 요약(Review and Summary)

172 탄화수소 원자는 단지 ___①___ 와 ___②___ 만을 포함한다.

173 분자가 많이 모여 이룬 액체는 분자가 적게 모여 이룬 액체보다 점도가 (크다/작다).

174 작은 분자는 큰 분자보다 증발이 (쉽다/어렵다).

175 다음 탄화수소에 대하여 파라핀, 올레핀, 나프텐 또는 방향족으로 구분하여라.

A. _____   B. _____

C. _____   D. _____

답   **172.** ① 탄소 ② 수소 **173.** 크다 **174.** 쉽다 **175.** A. 올레핀족 B. 방향족 C. 파라핀족 D. 나프텐족

176 불포화 탄화수소는 포화 분자보다 브로민을 (더 많이/더 적게) 받아들인다.

177 불포화 탄화수소는 브로민가가 (높다/낮다).

178 방향족 화합물은 적어도 3개 이상의 _____ 결합을 갖는다.

179 방향족 화합물은 분해가 잘 (된다/안 된다).

180 다음의 두 분자를 비교해 보아라.

분자 (A/B)가 가솔린 성분으로는 더 좋다.

181 브로민가 실험은 (화학적/물리적)인 실험이다.

182 방향족 화합물은 아닐린점이 (높다/낮다).

---

176. 더 많이 177. 높다 178. 이중 179. 안 된다 180. B 181. 화학적
182. 낮다

183 미네랄 오일과 같이 무겁고 어두운 색의 액체는 굴절률이 나프타보다 (크다/작다).

184 오일-물의 유화(Emulsion) 현상은 _____를 좋지 않게 만든다.

185 디젤 연료유의 품질은 (옥탄가/세탄가)에 의하여 결정된다.

186 굴절률(Refraction indes)은 _____ 방법으로 측정된다.

답 183. 크다   184. 윤활제   185. 세탄가   186. 물리적

PART 02

원가 절감
(Cost Reduction)

제1장 원가 절감(Cost Reduction)

CHAPTER 01

원가 절감
(Cost Reduction)

1. 어떻게 하면 훌륭한 조업원이 될 것인가?

001 어떻게 하면 훌륭한 조업원이 될 것인가? 여로분도 동의하리라고 생각하는데 그는 그가 하는 일이 무엇이며 그가 조업하는 장치가 어떻게 작동하는지를 알고 파이프라인을 검사 완료했으며 언제 닥칠지 모르는 갑작스런 _____에 어떻게 대처할지를 아는 사람이다.

002 훌륭한 조업원 -진정한 직업인-을 이해하는 또 다른 길은 그가 낭비 없이 운전하는 것이다. 그는 낭비가 발행하기 전에 피한다. 그는 낭비가 큰 것이건 작은 것이건 여러 가지 방법 중에서라도 그가 한 일이건 그가 하지 _____ 일이건간에 모든 종류의 낭비를 피한다.

003 훌륭한 조업원은 그의 장치가 연료, 수증기, 압축 공기들을 낭비하지 않도록 조업한다. 그는 제품을 불합격으로 만들어 내는 낭비를 하지 않는다. 그는 부주의하게 취급한 _____를 수리하는 데 시간과 돈을 낭비하지 않는다.

004 하루에 10불 20불을 절약하는 것이 커다란 회사를 운영하는 데는 그리 대단치 않아보일 테지만 원가를 절감하여 얻은 1불은 판매에서 얻은 1불과 비교하여 아홉 배나 가치가 있다.
그런 계산에서 하루에 20불씩 원가를 절감하는 것은 하루에 180불, 일년이면 65,000불씩 판매를 _____시키는 것과 같다.

005 경험있는 조업원은 장치를 잘 알고 연료나 기타 물품의 _____를 방지하기 때문에 소중한 존재다.

답   1. 긴급 사태 또는 혼란   2. 않는   3. 장치   4. 증가   5. 낭비

6 조업원에게 있어서 경험이란 무슨 일이 일어날지를 알 수 있듯이 무슨 일이 일어나지 않는 것을 보고도 알 수 있다.
그다지 열심히 일하는 것 같지도 않게 고참은 그가 맡은 시설을 원활하게 _____ 한다.

7 단 몇 분간의 공상을 하다가 불합격 제품을 만들어 내게 할 수 있다. 불합격 제품을 다시 정제할 수 있다. 그러나 그 추가 작업은 제품의 원가를 ___①___ 시킨다. 주도 면밀한 조업원은 항상 ___②___ 품질의 제품을 만들어 낸다.

8 훌륭한 조업원은 장치가 작동하는 방식을 주시한다.
그는 장치가 좋은 _____ 에 있을 때 최고 효율로 움직인다는 것을 알고 있다.

9 훌륭한 조업원은 대개 그가 맡은 시설이 정상적으로 움직이지 않는다는 것을 맨처음 알아차리는 사람이다.
사고가 날 징조가 보이자 마자 그는 스스로 그것을 막든지 _____ 수리 작업을 방지하기 위하여 정비반 직원을 부른다.

10 _____가 나기 전에 막기 위해서는 기술이 필요하고 작업과 장치에 대한 꾸준한 주의 집중이 필요하다.

11 사고 없는 장치는 조업원에게 손쉬운 일이고 노력도 덜 든다. 장치를 사전 검사하는 것은 고장이 났을 때 고치는 것보다 _____ 이 덜 든다.

12 조업원은 기계에도 주의를 기울여야 한다.
때때로 기기는 온도, 압력이 _____ 수치에서 심하게 벗어날 경우 순간적으로 망가질 수가 있다.

---

6. 조업 **7.** ① 증가 ② 높은 또는 좋은 **8.** 조건 또는 상태 **9.** 비싼 또는 큰 **10.** 사고 **11.** 시간 또는 노력 **12.** 정상적인 또는 안전한

13 부주의한 조업원은 정비반 직원들로부터 나쁜 평판을 받는다.
어떤 조업원이 기름 액면을 너무 _____ 때문에 기계를 수리하느라 시간을 소모했다면 좋아할 정비반 직원은 없을 것이다.

14 장치가 항상 잘 수리된 상태로 있는지 확인하는 것을 "예방 정비"라 한다. 훌륭한 조업원은 자동적으로 _____ 정비에도 주의를 기울인다.

15 여러 다른 공장들은 다른 방법들로 조업된다.
시설로부터 최대의 성과를 얻는 것은 공장마다 _____.

16 이 계획에 주어진 예들은 조업원이 핵심 인물인 분야들을 보여 준다. 무엇을 찾아야 할지 알고 있는 조업원은 어떤 공장의 어떤 시설이라도 더욱 _____ 원가로 조업할 수 있는 방법들을 제시할 수 있을 것이다.

---

13. 떨어뜨렸기 14. 예방 15. 다르다 16. 낮은

2. 연료의 낭비 방지

17 정유공장과 석유 화학공장에는 많은 연료가 사용된다.
조업원이 연료를 _____하는 방법을 발견할수록 그는 연료비를 절감시킬 수 있다.

18 연료는 연소에서 공정에 필요한 열과 수증기, 그리고 전력을 생산한다. 열, 수증기, 전력을 절약하는 것은 연료를 _____ 태우는 셈이 된다.

19 공기는 공짜다. 그러나 압축 공기를 만드는 데는 압축기를 돌리기 위하여 전력이 필요하다.
압축 공기를 절약하는 것은 _____를 절약하는 것이다.

20 노와 보일러에는 많은 연료가 필요하다.
시간당 6천만 BTU의 열을 발생하는 대표적인 노에는 시간당 15불의 연료가 필요하다.
하루 24시간 동안 이 노는 _____불의 연료를 태운다.

21 하루 360불의 연료비는 한달에 약 11,000불의 연료에 해당한다. 이 연료의 1%를 절약하면 한달에 약 _____불을 절약하게 된다.

22 보통 1불의 절약은 9불의 판매와 같은 효과가 있다.
그러므로 커다란 노에서의 1% 연료 절약은 110불×9 또는 _____불의 판매를 한달 동안 한 것과 같은 가치가 있다.

답 17. 절약 18. 적게 19. 연료 20. 360 21. 110 22. 990

23 주의깊은 조업원은 노 효율을 높게 유지하고 따라서 연료비를 _____ 유지한다.

24 노에서 연료는 공기와 혼합되어 연소하여 정유공장 공정에 필요한 열을 생산한다.
노에 충분한 공기를 공급하지 않으면 연료의 일부는 _____ 할 수 없다.

25 연소하지 않은 연료를 노 굴뚝으로 내보는 것은 노의 효율을 _____ 시킨다.

26 다음 그림을 보아라.

연료 전부를 완전히 연소시키기 위해서 공기 입구들은 필요한 공기 양보다 약간 (많은/적은)양을 올려 보내야 한다.

27 약간 과잉의 공기를 넣어주면 연료의 _____가 연소된다.

📋 **23.** 낮게 **24.** 연소 **25.** 저하 **26.** 많은 **27.** 전부

28 너무 과잉의 공기를 넣어주면 이 과잉의 공기가 연소된 연료로부터 _____을 빼앗아 간다.

29 이 열은 공기와 함께 굴뚝을 나가고 관로 속의 공정 액체를 가열하는 데 사용 (된다/되지 않는다).

30 너무 다량의 공기를 가열하는 데 연료를 낭비하지 않기 위해서 주의깊은 조업원은 연료의 _____를 연소시키는 최소한의 과잉 공기만을 사용한다.

31 연료는 공기를 너무 많이 사용했을 때와 마찬가지로 _____ 공기량이 충분치 못했을 때도 낭비가 된다.

32 최상의 노의 효율을 얻기 위해서는 약 10% 내지 20%의 과잉 공기가 필요하다. 정확한 과잉 공기의 퍼센트는 연소되는 연료의 종류와 _____의 설계와 관계가 있다.

33 연도 가스 중의 산소량을 분석하면 연료의 종류와 노의 설계에 대해서 노에 적당한 과잉 공기의 퍼센트를 사용하고 있는지 판단할 수 있다.
너무 많은 과잉 공기를 사용했을 때 공기 중의 산소의 일부는 연료의 연소에 사용되지 않는다.
노의 굴뚝에서 나오는 연도 가스에는 과잉 공기 중에서 이와 같이 사용되지 않은 _____가 포함되어 있다.

34 산소 분석기를 사용하면 연도 가스 시료 중의 산소 퍼센트를 알 수 있다.
만일 연도 가스 중에 산소가 너무 많으면 과잉 공기가 너무 _____ 것이다.

---

28. 열 29. 되지 않는다 30. 전부 31. 과잉 32. 노 33. 산소 34. 많은

35 만일 연도 가스 중에 산소가 없다면 산소는 연료를 연소시키는 데 모두 사용된 것이다. 따라서 노 안에는 과잉 공기가 _____ 연료 중의 일부는 아마 연소되지 않았을 것이다.

36 노의 운전 지침은 연도 가스 중에 소량의 산소가 존재해야 함을 가리키는데 그것은 연료가 완전히 _____되고 있음을 뜻한다.

37 산소 함량은 이 최솟값보다 약간 (상회/하회)해야 한다.

38 만일 산소 함량이 이 최솟값보다 너무 상회했을 경우 연료는 과잉 공기를 가열시키는 데 _____되고 있는 것이다.

39 노에 들어가는 공기량을 조절하는 것은 아마도 노 조업원의 가장 중요한 임무일 것이다.
연료비를 절감시키기 위하여 주의깊은 조업원은 ___①___의 공급을 조절하여 연소 가스 중의 산소 함량을 최솟값보다 약간 ___②___하도록 유지시킨다.

40 노 안의 가스 압력이 노 밖의 공기 압력보다 높을 때 노는 정압을 가졌다고 한다.
정압에서 조업을 하면 노 지붕이나 벽을 상하게 하고 따라서 그것들을 _____하지 않으면 안 되게 만든다.

41 $10ft^2$의 노 지붕 또는 벽을 교환하는 데 드는 비용은 약 2천불이다. 가능한 한 노 지붕과 벽을 오래 보존하려면 바람문과 공기 입구를 잘 조절하여 _____이 되지 않도록 해야 한다.

📋 35. 없고 36. 연소 37. 상회 38. 낭비 39. ① 공기 ② 상회
40. 수리 또는 교정 41. 정압

42 공기 조정시 한 가지 더 염두에 두어야 할 것은 공기의 흐름이 불꽃에 어떻게 작용하는가 하는 것이다. 공기의 흐름이 빠르면(즉, 통풍이 거세다면) 그로 인해서 _____의 방향이 바뀔 수도 있다.

43 노에서 공기의 흐름을 조정하는 것은 노의 압력을 조정한다는 점에서 또한 중요하다.

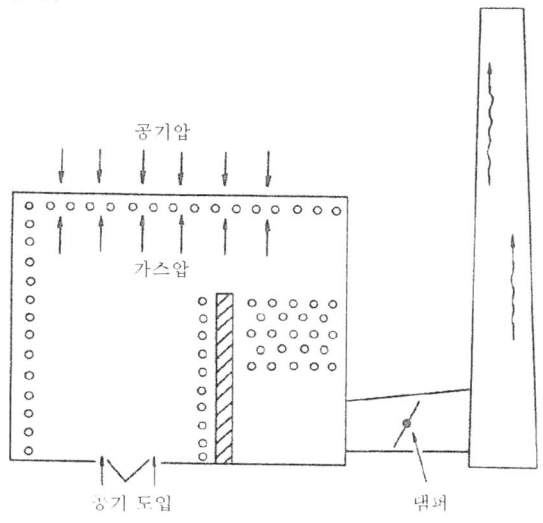

굴뚝의 바람문을 닫아서 연소 가스가 굴뚝을 빨리 빠져나가지 못하게 하면 노 안의 압력은 대기 압력보다 (높아/낮아)진다.

답   42. 불꽃   43. 높아

044 거센 통풍은 제품을 수송하고 있는 관로에 불꽃이 부딪히게 또는 실제로 닿게 할 수도 있다.

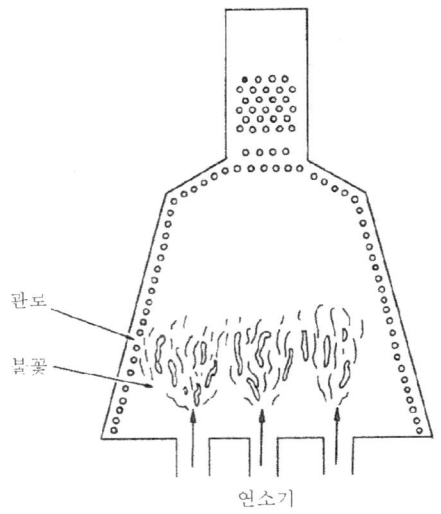

위의 그림에서 불꽃이 _____에 부딪히고 있는 것을 볼 수 있다.

045 불꽃이 부딪히면 불꽃이 관로에 _____는 부분에 뜨거운 반점들을 만들게 된다.

046 불꽃이 닿는 관로의 부분은 "연소"되거나 산화될 수도 있다. 이런 산화로 인해서 관로의 사용 연한을 감소시키고 관로를 자주 _____하도록 만든다.

047 노의 관로 1ft를 교환하는 데 드는 비용은 약 10불이다.
각각 20ft 길이의 관로 5개만 교환하더라도 그 비용은 _____불이다.

048 관로를 상하게 할 뿐 아니라 불꽃이 닿으면 관로를 통과하는 물질을 부분적으로 과열시키게 된다.
과열 때문에 제품의 _____을 맞출 수 없는 경우가 종종 있다.

답 **44.** 관로 **45.** 닿 **46.** 교환 **47.** 1,000 **48.** 격

049 과열로 인해서 관로를 통과하는 물질의 완전한 분해를 일으키고 그 결과 관로 내부에 퇴적물이 쌓이게 된다.

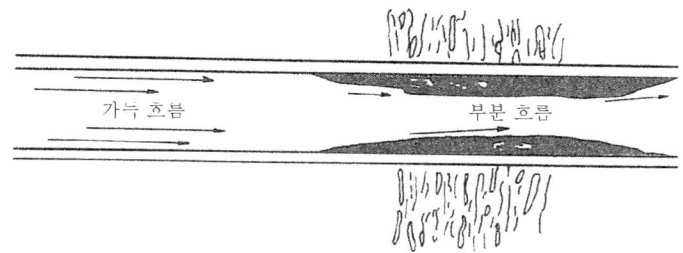

가느 흐름   부분 흐름

이 퇴적물은 관로를 흐르는 제품의 유속을 ____①____ 시키고 노의 효율을 ____②____ 시킨다.

050 관로 내부의 불순물은 절연층의 역할을 해서 점차 관벽을 통한 열전도를 감소시키고 제품이 요구하는 최종 온도까지 올리는 데 필요한 연료를 증가시킴으로써 노의 _____을 더욱 저하시킨다.

051 노가 한계점에 도달했다고 할 때 유량이 10% 감소되면 전 시설의 조업 용량은 10% 감소되는 셈이다.
시설이 완전 가동했을 때 수익이 1일 1만불이면 10% 유량 감소는 적어도 하루 _____불의 손실을 가져온다.

052 100% 생산과 효율로 복구하기 위한 시설의 가동 정지는 2만불 또는 3만불의 손실을 가져온다.
정유공장이 하루 1천불의 손실을 감당할 수 없다 하더라도 경영진은 ____①____의 높은 비용과 감소된 ____②____으로 인한 계속적인 높은 손실을 비교해야 한다.

답 49. ① 감소 ② 감소 50. 효율 51. 1,000 52. ① 가동 정지 ② 용량

053 관로의 산화, 탄소 축적, 제품 분해, 제품 유량 감소, 연료 사용량 증가, 생산량 감소, 공장 시설 용량 감소, 탄소 제거를 위한 고가의 가동 정지, 이 모든 것이 불꽃의 _____에서 온다.

054 훌륭한 조업원은 자주 불꽃의 접촉을 검사하고 발견 즉시 _____한다.

055 불꽃의 접촉이 없을 때라도 연소된 연료로부터 생긴 재가 노 안의 관로에 항상 쌓이게 된다.
재가 쌓이는 곳은 연도 가스의 유속이 감소하는 곳 또는 통풍의 변화로 연도 가스의 방향이 _____ 곳이다.

056 재는 관벽을 통한 열전도를 감소시킨다.
제품의 온도를 충분히 올리기 위해서 더 많은 연료가 불꽃의 온도를 _____는 데 사용되어야 한다.

057 연료가 많이 사용될수록 노를 나가는 연도 가스의 온도는 높아진다.
연도 가스의 온도가 너무 높으면 연료가 _____되고 있다는 것은 이미 알고 있는 사실이다.

058 보통 노에서 연도 가스의 온도가 50°F를 넘어가면 이 가열로는 월간 100불 상당의 연료를 낭비하는 것이다.
조업원들은 _____의 축적을 제거함으로써 연도 가스의 온도를 낮출 수 있다.

059 재는 그을음 제거기에서 공기 또는 수증기를 노 관로 위에 불어냄으로써 제거할 수 있다.
그을음 제거기는 재의 축적이 너무 _____ 때 정상적으로 조작시킨다.

답 53. 접촉 54. 교정 또는 중지 55. 바뀌는 56. 올리 57. 낭비 58. 재
   59. 많을 또는 두터울

60 연도 가스 온도로 보아 연료가 낭비되고 있다고 할 때 경험많은 조업원은 _____를 제거함으로써 효율을 증가시킬 수 있는지 검사한다.

61 연소가 양호한지 추측하는 것은 불꽃의 색깔과 연도 가스의 연기를 봄으로써 가능하다.
효율적인 연소를 유지하고 _____를 피하는 데 추측은 믿을 것이 못 된다.

62 가열로는 효율적으로 조업하는 단 한 가지 확실한 방법은 자주 _____의 분석을 위해 기구를 사용하는 것이다.

63 보일러는 노의 한 특수 형태다.
관로는 _____ 대신 물을 수송한다.

64 제품을 가열하는 대신 보일러에서는 물을 가열하여 _____를 만든다.

65 시간당 6만 파운드의 수증기를 만드는 대표적인 보일러는 한달에 조업 비용이 14,400불이 든다.
그런 보일러에서 단 1%의 효율을 올린 경우 그것은 한달에 14,400불의 1%, 즉 ____①____불이 절약된다.
주의깊은 조업원이 3%의 효율을 올리는 것은 흔히 가능한 일인데 그것은 ____②____불이 절약된다.

66 노에서와 마찬가지로 불꽃의 접촉은 보일러 관로의 산화를 일으킨다.
노에서처럼 재의 제거 및 연료와 과잉 _____의 적절한 조정에 의해서 보일러의 효율을 개선할 수 있다.

답 60. 재 61. 낭비 62. 연도 가스 63. 제품 64. 수증기 65. ① 144 ② 432
66. 공기

067 보일러에 공급되는 물에는 약간의 고형 물질이 용해되어 있다.
물이 증발하여 수증기가 될 때 이 고형 물질은 (증발한다/증발 안 한다).

068 물에 용해된 고형 물질의 비율은 물이 증발함에 따라 점차 _____한다.

069 고형 물질의 농도가 너무 올라가서 물에 완전히 _____되어 있을 수 없을 때 관로 내부에 물때가 생긴다.

070 관로 내부의 물때는 열전도를 저하시키고 연료 소요량을 _____시킨다.

071 물때가 너무 두껍게 끼면 물의 흐름을 몹시 방해하고 보일러의 효율을 떨어뜨린다. 따라서 보일러를 가동 정지시켜야만 물때를 _____할 수 있다.

072 보일러의 가동 정지에는 시간과 비용이 든다. 한 보일러를 가동 정지함으로써 전 공정 시설을 가동 정지하게 될 수도 있다.
보일러의 가동 정지 기간을 _____하기 위해서 물때의 형성은 가능한 한 적게 유지해야 한다.

073 물때의 형성을 줄이기 위해서는 고형 물질의 농도가 너무 _____졌을 때 보일러에서 물을 제거하는 방법이 있다.

074 물은 시간 간격을 두고 하거나 또는 계속적으로 제거할 수 있다. 제거된 물은 새로 공급하는 _____, 즉 보충수로 대신된다.

---

67. 증발 안한다 68. 증가 69. 용해 70. 증가 71. 제거 72. 단축 73. 높아
74. 물

075 새로 보충하는 물은 제거된 물보다 고형 물질 함량이 적다.
물의 제거("불어내림")를 하면 보일러 내부의 고형 물질의 농도를 감소시키고 _____의 형성을 감소시킨다.

076 불어내림을 할 때 제거되는 물은 뜨겁지만 보충수는 차갑다.
만일 불어내림에 의한 물이 버려진다면 그 중의 열량은 완전히 _____된다.

077 만일 불어내린 물이 보충수를 가열하기 위하여 열교환기를 통과한다 해도 약간의 열은 낭비된다.
손실된 열을 보충하기 위해서는 더 많은 _____를 연소시켜야 한다.

078 불어내림은 관로를 세척하기 위하여 보일러를 가동 정지하는 것보다 낫다.
그러나 가동 정지의 경우처럼 _____에 의해서도 보일러의 효율은 떨어진다.

079 보일러의 불어내림을 5% 줄이면 시간당 37.5센트를 절약할 수 있다.
이것은 하루에 9불이고, 한달이면 (27불/270불)이 절약된다.

080 불어내림과 가동 정지를 최소로 감소시키는 오직 한 가지 방법은 보일러 공급수 중의 고형 물질의 함량을 가능한 한 _____ 유지하는 것이다.

081 공급수 중의 고형 물질이 적으면 물이 증발해서 고형 물질의 농도를 높이고 _____가 형성하는 데 더 많은 시간이 걸리게 된다.

---

75. 물때 76. 낭비 또는 손실 77. 연료 78. 불어내림 79. 270불 80. 낮게
81. 물때

082 공급수는 대개 사용하기 전 고형 물질을 제거하기 위하여 처리된다. 어떤 공장에서는 보일러에 들어가는 공급수 중의 _____의 농도가 너무 높지 않음을 확인하는 것이 조업원의 임무의 일부가 되어 있다.

083 원가를 이해하는 훌륭한 조업원은 가능한 모든 방법을 사용하여 보일러 공급수 중의 물때를 형성하는 고형 물질의 농도를 낮춤으로써 불어내림과 가동 정지를 감소시키며 보일러를 최고 _____로 조업하게 한다.

답 **82.** 고형 물질 **83.** 효율

3. 수증기의 낭비 방지

84 여러 가지로 공정에 사용되는 동안이나 열의 발생, 정유공장에서의 동력 발생에 사용되는 가운데 수천 파운드의 수증기를 잠깐 사이에 낭비하는 것은 손쉬운 일이다. 수증기를 낭비하는 것은 연료의 낭비이고 연료의 낭비는 돈의 _____이다.

85 보일러에 사용되는 연료의 원가가 높을수록 수증기 생산 원가도 _____ 진다.

86 아래의 도표를 보면 연료의 원가가 수증기 원가에 어떤 영향을 미치는지 알 수 있다.

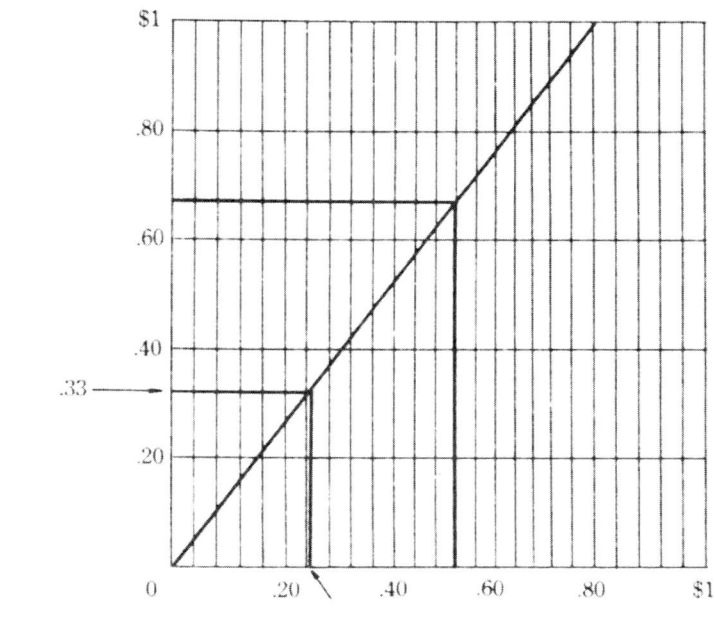

1백만 BTU당 연료 원가

1백만 BTU의 열을 생산하기 위해서 연료 원가는 15센트에서 60센트까지 변화할 것이다.

답 **84.** 낭비 **85.** 높아 **86.** 66센트

어떤 지역에서 1백만 BTU당 연료 원가가 25센트라고 할 때 수증기 원가는 1,000파운드당 33센트이고 1백만 BTU당 연료 원가가 50센트이면 도표에서 수증기 원가는 1,000파운드당 약 _____임을 알 수 있다.

87 1000파운드의 수증기 원가가 30센트이건 60센트이건간에 수증기를 낭비하는 것은 연료의 낭비고 연료의 낭비는 _____의 낭비이다.

88 수증기가 낭비되고 있지 않다는 것을 아는 데 가장 좋은 위치에 있는 사람은 수증기를 사용하는 사람, 즉 _____ 자신이다.

89 원유는 분별 증류의 공정에 의해서 제품들로 분리된다.
원유에는 각기 다른 _____에서 끓는 탄화수소의 혼합물이 포함되어 있다.

90 "가벼운" 기름은 "무거운" 기름보다 낮은 온도에서 끓는다.
탄화수소의 혼합물을 수증기로 가열하면 (가벼운/무거운) 탄화수소가 먼저 증발한다.

91 가벼운 기름은 뜨거운 _____로 처리함으로써 무거운 기름들로부터 분리해 낼 수 있다.

92 비등점이 낮은 기름들은 값비싼 제품을 만들 수 있지만 불이 붙기 쉬워서 취급하기가 위험하다.
비등점이 낮은 기름들을 무거운 기름들로부터 제거해서 무거운 기름들을 취급하기가 _____하도록 해야 한다.

---

87. 돈   88. 조업원   89. 온도   90. 가벼운   91. 수증기   92. 안전

93 기름 공급량이 증가했을 때 경질 유분을 완전히 분리해 내기 위해서는 분리 수증기의 양을 _____시켜야 한다.

94 기름 공급량이 다시 감소되었을 때 조업원은 수증기 공급을 _____시키는 것을 잊어버리고 있는 수가 있다.

95 분리 시설은 기름에 비해서 아주 적게 수증기를 사용한다.
시설 안에는 아주 많은 기름이 들어 있기 때문에 수증기의 과잉은 기름의 온도에 (아주 적은/아주 많은) 차이를 가져온다.

96 수증기의 과잉은 제품의 질에 영향을 미치지 않는다.
온도나 제품의 질에 변화가 없기 때문에 조업원은 수증기가 과잉으로 들어간다는 것을 _____ 못하는 수가 있다.

97 경험이 없고 건망증이 심한 조업원의 경우 완전한 분리에 필요한 수증기보다 30% 정도 더 많이 사용할 수 있다.
만일 시간당 2,100파운드의 수증기면 완전한 분리가 가능하다고 할 때 30%의 과잉은 2,100파운드의 30%, 즉 시간당 _____파운드를 낭비하는 것이다.

98 1,000파운드에 33센트일 때, 수증기가 원가만 따져서 시간당 21센트 또는 한달에 149불이 낭비된다.
분리 수증기는 냉각을 해서 응축시켜야 하므로 냉각에 필요한 _____의 추가사용에서 오는 낭비가 있다.

99 _____ 수증기의 공급에 신경을 쓰지 않음으로써 한달에 200불 또는 그 이상을 낭비하기는 쉬운 일이다.

답 93. 증가 94. 감소 95. 아주 적은 96. 알지 97. 630 98. 물 99. 분리

100 과잉 분리 수증기는 분리 시설에 과중 부담을 주고 그 생산 용량을 감소시킬 수도 있다.
훌륭한 조업원은 좋은 제품질을 얻는 데 충분할 만큼만 _____ 수증기 공급을 유지한다.

101 때로는 분리 수증기의 유량을 측정하기 어려운 경우도 있다.
시설에 공급되는 전 수증기의 양이 한 개의 유량계로 측정되기 때문에 _____의 유량을 측정할 별도의 유량계가 없을 수도 있다.

102 조업원은 분리 수증기의 양을 측정할 별도의 유량계가 설치되어야 한다고 건의할 수도 있다. 그러나 별도의 유량계가 없더라도 가끔 분리 수증기의 유량을 알아낼 수 있는 한 가지 방법이 있다.
분리 수증기를 끊으면 시설에 공급되는 전체 수증기 양에 _____를 가져 온다.

103 조업원은 짧은 시간 동안 분리 수증기를 끊음으로써 시설에 공급되는 _____ 수증기 양에서 변화되는 양을 측정할 수 있다.

104 전체 수증기 양에서 변화되는 양이 _____의 유량이 된다.

105 경험 있는 사람은 항상 측정하는 어떤 방법을 발견할 수 있고 따라서 장치로부터 최고 효율의 성과를 얻을 수 있고 _____를 피할 수 있다.

106 조업원은 수증기 터빈에서도 마찬가지로 수증기 낭비를 줄일 수 있다. 수증기 터빈은 고압 _____로부터 동력을 생산한다.

答 100. 높게   101. 분리 수증기   102. 변화 또는 감소   103. 전체   104. 분리 수증기
　　105. 낭비   106. 수증기

107 수증기는 압력이 높은 곳에서 낮은 곳으로 흐른다.
만일 수증기 터빈의 토출 압력이 입구 압력과 같다고 하면 수증기는 (흐른다/흐르지 않는다).

108 만일 수증기가 터빈을 통해 흐르지 않는다고 하면 _____은 생산되지 않는다.

109 토출 압력을 내림으로써 주어진 수증기 양으로부터 터빈이 얻어내는 일의 양이 증가된다.
수증기가 터빈을 통과하는 동안 압력 강하가 크면 클수록 터빈은 (더 많은/더 적은) 동력을 만들어 낸다.

110 이 때문에 터빈을 나가는 수증기의 압력은 가능한 한 _____야 한다.

111 터빈 토출구의 수증기를 액화시키기 위하여 응축기에 찬 물이 사용된다.
이 응축으로 인하여 수증기의 용적이 줄어들고 토출 압력을 대기 압력 (이상/이하)까지 저하시킨다.

112 응축기는 배출관에 진공을 만들어 줌으로써 터빈의 효율을 (증가/저하)시킨다.

113 배출관이 진공으로 있을 때 공기가 새어 들어가면 진공이 깨지고 배출 압력을 _____시킨다.

---

107. 흐르지 않는다   108. 동력   109. 더 많은   110. 낮아   111. 이하   112. 증가
113. 증가

114 배출관에 공기가 새어 들어가면 수증기가 터빈을 통과할 때 압력이 정상적으로 떨어지는 것을 방해하고 터빈의 동력 생산은 _____ 된다.

115 수증기는 응축기에서 응축되어 배출관에 진공을 만들 수 있지만 수증기 속의 공기는 _____ 되지 않는다.

116 다량의 공기가 새어 들어가면 진공 조직은 공기로 와해되고 응축기의 효율을 저하시키며 토출 압력을 더욱 증가시킨다.
이렇게 토출 압력이 더욱 증가되면 더욱 터빈의 동력 생산은 _____ 된다.

117 동력 생산을 제대로 올려놓으려면 더 고압의 _____ 를 터빈에 공급해야 한다.

118 공기가 새어 들어가면 수증기가 낭비된다.
따라서 터빈 배출관에서의 3 내지 4%의 진공 상실은 많으면 10%까지의 _____ 를 낭비하게 할 수도 있다.

119 시간당 10,000파운드의 수증기를 사용하는 터빈에서 10%의 낭비는 결과적으로 시간당 1,000파운드의 수증기의 손실이 된다.
수증기 원가가 1,000파운드당 40센트이면 낭비된 수증기는 시간당 _____ 센트를 낭비한 것이 된다.

120 한 시간에 40센트는 하루면 9.60불이 되고 한달 30일이면 (30불/300불)에 가까운 낭비가 된다.

121 수증기의 낭비에 의한 비용뿐만 아니라 배출 수증기를 응축기에서 냉각하기 위하여 추가로 _____ 이 필요하기 때문에 더 많은 돈이 허비된다.

답 114. 감소 115. 응축 116. 감소 117. 수증기 118. 수증기 119. 40 120. 300불
121. 물

122 3%의 진공 손실(30in 진공에서 1in Hg)에 대해서 이 물에 의한 추가 비용은 한달에 100불 이상이다.
통틀어서 3%의 진공 손실로 인한 수증기와 냉각수의 추가 비용은 대략 한달에 _____이다.

123 이와 같은 터빈에 사용되는 수증기에 대해서는 기록을 해 두어야 한다.
터빈이 정상보다 더 많은 수증기를 사용하기 시작하는 것이 기록에 나타날 때 주도면밀한 조업원은 배출관으로의 _____의 유입을 찾는다.

124 진공탑에 진공을 만들기 위해서 사용되는 것과 같은 수증기 분사 방출기도 수증기를 낭비할 수 있다.

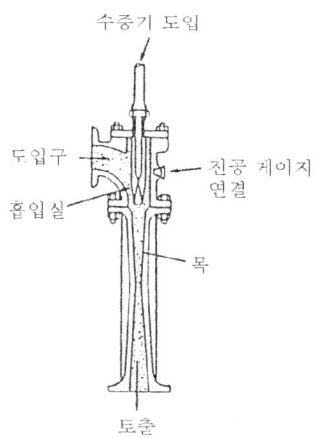

수증기 입구로 들어가는 좁은 구멍을 가진 노즐을 통해 방출기의 목으로 밀려 들어간다.
그 목에서 수증기가 팽창함에 따라 그 압력이 떨어지고 _____실에서는 진공이 생긴다.

125 수증기 분사 방출기는 _____을 만들고 가스를 제거할 수 있도록 기압 또는 지상 응축기에 사용된다.

---

122. 400불   **123.** 공기   **124.** 흡입   **125.** 진공

126 많이 사용하고 나면 수증기의 분사 작용은 방출기의 _____을 상하게 하거나 침식한다.

127 이 침식으로 목이 커진다.
목의 침식은 똑같은 정도의 진공을 만드는 데 필요한 수증기의 양을 _____시킨다.

128 목이 크면 클수록 방출기의 효율은 _____.

129 방출기에 필요한 수증기 양의 기록을 보면 방출기가 수증기를 낭비하는 때를 알 수 있다.
방출기가 너무 많은 수증기를 사용하면 조업원은 장치에 대한 _____ 작업을 요청해야 한다.

130 관 속이나 탱크 안에 있는 액체는 온도가 너무 _____가면 너무 뻑뻑해져서 부드럽게 흐를 수 없다.

131 관 속의 액체가 상당히 차가워지면 심지어 _____ 관을 막는다.

132 공정 액체가 차가워지면 용해되어 있던 왁스가 용액으로부터 석출하여 관 속에 _____을 형성한다.

133 공정의 관 내부에 생긴 마개는 전 시설의 조업에 영향을 (미친다/안 미친다).

---

126. 물 127. 증가 128. 작다 129. 수리 130. 내려 131. 얼어 또는 굳어
132. 마개 또는 차폐물 133. 미친다

134 마개를 형성할지 모르는 무거운 기름이나 왁스를 몰아내기 위해서 또는 이미 형성된 _____를 불어내기 위해서 가끔 임시로 수증기를 공정의 관들로 공급한다.

135 따뜻하게 해 주기 위해서 탱크와 다른 장치의 큰 부분들은 대개 수증기옷을 입혔고 관들은 대개 수증기줄을 쳐 놓았다.
별도로 수증기관을 나란히 설치하거나 감아놓음으로써 관에 수증기줄을 칠 수 있고 그렇게 함으로써 공정관 내부의 물질과 수증기가 접촉(하게/하지 않게) 된다.

136 직접 수증기와 접촉함으로써 훼손되는 물질은 수증기줄로 안전하게 따뜻해질 수 (있다, 없다).

137 만일 줄-수증기의 유량이 너무 적으면 물질은 충분히 따뜻해지지 못하고 얼음 또는 수화물의 마개가 관 내부에 계속 형성될 것이다.
만일 줄-수증기의 유량이 너무 높으면 물질은 필요 이상으로 따뜻해지고 수증기는 _____될 것이다.

138 프로판이나 부탄을 너무 따뜻하게 하면 과압을 유발한다.
효과적인 _____ 유량으로 수증기를 유지하는 것은 중요한 일이다.

139 관 내부에 마개가 형성된다면 조업원은 _____이 넘는 것을 알 수 있다.

---

134. 마개 135. 하지 않게 136. 있다 137. 낭비 138. 가장 낮은 139. 수증기 양

140 그에게 지침이 될 아무 계기도 없기 때문에 조업원은 수증기 양이 너무 높은 때를 알아내기는 매우 어렵다.
줄에 필요한 수증기의 _____을 정할 때 효과와 경제의 정확한 균형을 유지하는 것은 기술과 경험을 요한다.

141 줄-수증기가 더 이상 필요 없을 때나 기후가 아주 따뜻해서 _____의 위험이 없을 때 수증기는 끊어야 한다.

142 추운 겨울철에는 관이나 장치를 _____해서 항상 뚫려 있게 하기 위하여 수증기가 나오는 관("수증기창")이 가끔 임시로 사용된다.

143 수증기창은 필요할 때만 사용하고 관이나 _____를 따뜻하게 하는 데 사용되지 않을 때는 항상 끊어야 한다.

144 수증기덫도 수증기를 낭비할 수 있다.

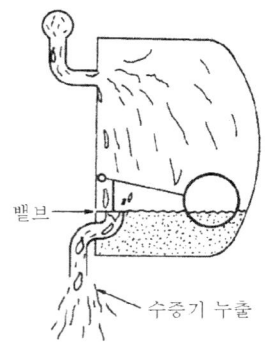

만일 수증기덫 내부에 밸브 시트가 낡았거나 폐쇄 장치가 망가졌으면 덫은 수증기를 계속 _____할 수 있다.

---

140. 유량   141. 빙결 또는 마개   142. 따뜻하게 또는 가열   143. 장치
144. 누출 또는 낭비

145 수증기덫으로부터의 누출이나 새는 밸브와 관으로부터의 누출은 비용이 많이 든다. 주도 면밀한 조업원은 수증기 누출을 관찰하고 가능한 한 조속히 _____시킨다.

146 필요하지도 않은 곳에 수증기를 보내거나 몇 군데 수증기 누출을 수리하지 않음으로써 시간당 1,000파운드 정도의 수증기를 낭비하기는 쉽다.
몇 군데 관으로부터의 누출은 따라서 하루에 8불, 한달 30일이면 _____불 상당을 낭비할 수 있다.

147 수증기는 가끔 물과 함께 장치를 세척한다든지 기타 "사소한 일들"을 하는 데 쓰인다.
수증기가 어떤 곳에 어떤 목적으로 쓰이던간에 그 일을 하는 데 필요 _____으로 쓰지 않는 것이 중요하다.

답   **145.** 정지 또는 수리   **146.** 240   **147.** 이상

4. 열손실 방지

148 공정이나 저장 장치가 주변 공기보다 뜨거울 때는 언제나 열을 발산한다. 장치가 뜨거울수록 발산하는 _____은 많다.

149 장치는 액체가 잘 흐르고 정상적으로 조업할 정도로만 뜨겁게 유지해야 한다. 필요 이상으로 온도를 높게 유지하는 것은 열의 _____이다.

150 보온되지 않은 120,000BbL 탱크가 정상적인 때 150°F에 유지된다고 가정하자. 이 탱크의 온도를 175°F로 올라가게 하면 가열 비용은 한달에 약 400불만큼 _____한다.

151 장치를 주변 공기 온도보다 높게 유지해야만 할 때는 보온을 함으로써 돈을 절약하는 것이 가능할 수도 있다.
보온은 장치로부터의 열손실을 _____시킨다.

152 열손실에 의한 비용이 장치를 보온하는 장치보다 비싼 곳에서는 탱크와 관들은 돈을 절약하기 위하여 _____되어야 한다.

153 보온되지 않은 100ft 길이의 2in 수증기관은 열손실에 의해서 한달에 약 50불이 낭비된다.
보온되지 않은 100ft 길이의 10in 수증기관은 열손실에 의해서 한달에 약 220불이 낭비된다.
이와 같은 낭비를 방지하기 위하여 모든 수증기관들은 _____되어야만 한다.

---

148. 열 149. 낭비 150. 증가 151. 감소 152. 보온 153. 보온

154 열교환기는 공정을 떠나는 뜨거운 물질로부터 열을 회수하기 위하여 사용된다.

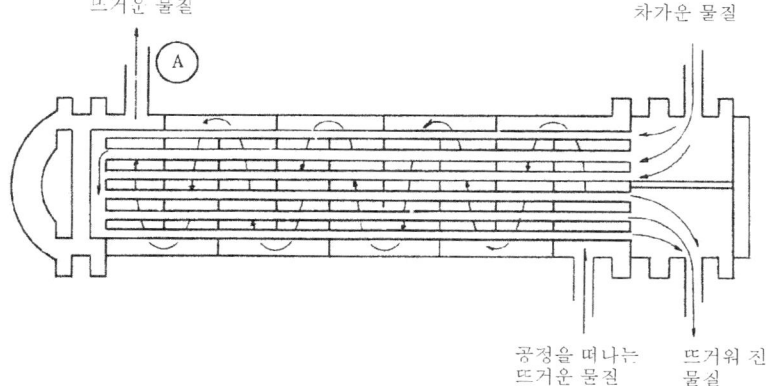

공정을 떠나는 뜨거운 물질로부터 공정으로 들어오는 (더 뜨거운/더 차가운) 물질로 열을 전달함으로써 열이 회수된다.

155 공정을 떠나는 흐름 속의 열은 열교환기에서 들어오는 흐름으로 전달되지 않으면 _____된다.

156 A점에서의 온도 상승은 열이 낭비되고 있음을 가리킨다.
열교환기관 속의 고형 물질의 축적 때문에 떠나는 흐름으로부터 들어오는 흐름으로의 _____전달이 줄어들 수 있다.

157 만일 열교환기가 고형 물질로 엉망이 되어 있으면 조업원은 고형 물질의 축적을 _____할 조치를 취해야 한다.

158 때때로 가동 정지 기간 중에는 그중 하나 또는 두 흐름 모두가 열교환기를 돌아 우회하는 관로를 통해 흐른다.
공정이 다시 가동될 때 우회 관로로 가는 밸브를 _____ 두면 떠나는 흐름 속의 열은 낭비된다.

---

154. 더 차가운 **155.** 낭비 또는 손실 **156.** 열 **157.** 제거 **158.** 열어

159 공정을 가동할 때 특히 중요한 것은 열교환기를 돌아가는 _____ 밸브를 검사하는 것이다.

답 159. 우회

5. 안전 라인(Relief Line)의 누출로 인한 낭비 방지

160 공정의 어떤 부분에서 압력이 너무 높아지면 과잉 물질이 피해를 입히기 전에 흘러나갈 수 있도록 구조 밸브가 자동적으로 _____.

161 너무 압력이 높아졌을 때 쉽게 증발하는 공정 물질들은 연소 굴뚝에 보내져서 태워진다.
연소 굴뚝에서 연소된 가스로부터의 열은 공정에 사용될 수 있도록 회수할 수 없다.
물질과 열은 모두 완전하게 _____ 된다.

162 증발하기 어려운 공정 물질들은 "불어내려진다." 그것들은 불어내릴 구멍이나 굴뚝에서 물과 혼합된다.
비록 이들 고비등점 물질들은 회수가 가능하지만 회수 공정은 그들의 원가를 _____ 시킨다.

163 제품들과 그 열량 가치가 긴급 사태에서 손실될 때 그 비용은 공정의 _____ 한 조업을 위하여 필요한 것으로 본다.

164 때로는 구조 밸브가 누출된다.
구조 밸브의 누출로 인하여 제품이 연소 굴뚝이나 불어내림 구멍 또는 굴뚝으로 배출된 것은 (낭비이다/안전 조업을 위하여 필요한 손실이다).

---

160. 열린다   161. 낭비 또는 손실   162. 증가   163. 안전   164. 낭비이다

165 귀중한 제품들을 낭비하지 않도록 구조 밸브는 _____되는지 알아보기 위하여 자주 검사해야 한다.

166 구조 관로에 아무것도 흐르지 않는 한 그 관로의 온도는 주위 공기와 같아야 한다.
공정으로부터 구조 밸브를 통한 제품의 누출은 구조 관로를 주변 공기 온도보다 ____①____ 또는 ____②____ 만든다.

167 조업원은 때때로 구조 관로의 _____ 변화를 보고 관로로의 누출을 알아낼 수 있다.

168 때로는 누출되는 밸브는 달그락거리거나 휘파람 소리가 난다.
조업원은 때때로 이상한 소리를 _____ 누출을 알아낼 수 있다.

169 연소 굴뚝의 불꽃의 모양에 변화를 보고도 _____ 밸브의 누출을 알 수 있다.

170 주도 면밀한 조업원은 자주 불꽃의 모양을 보고 시끄러운 소리가 나는 밸브에 귀를 기울이고 _____ 관로의 온도를 감지함으로써 누출을 검사한다.

171 누출하는 구조 밸브는 가능한 한 빨리 _____해야 한다.

답 165. 누출 166. ① 뜨겁게 ② 차갑게 167. 온도 168. 듣고 169. 구조
170. 구조 171. 교환

6. 동력(Utilities)의 낭비 방지

172 공기는 공짜다.
압축 공기의 원가는 _____를 돌린 비용이다.

173 1,000ft^{3}의 공기를 _____하는 데 드는 비용은 6센트가 약간 넘는다.

174 한달 동안이면 사백만 입방 피트 이상의 공기가 1/4in의 구멍을 통해 누출될 수 있다. 1,000ft^{3}에 6센트일 때, 이만한 누출은 한달에 (240불/24불)어치의 공기를 낭비하는 것이다.

175 물의 누출도 비싼 것이다.
한달 동안이면 1/4in의 구멍을 통해 40만 갤런의 물이 누출될 수 있다. 1,000갤런에 10센트일 때 이만한 물의 누출은 한달에 (40불/30불)의 낭비가 된다.

176 주의깊은 조업원은 누출하는 ___①___ 관로와 ___②___ 관로를 알아내고 수리해 놓는다.

177 물과 공기는 싸다. 그러나 오랜 기간이 경과하면 작은 누출도 많은 _____를 가져올 수 있다.

답 172. 압축기 173. 압축 174. 240불 175. 40불 176. ① 물 ② 공기
177. 손실 또는 낭비

178 동력들은 필요한 동안만 켜 놓아야 한다.
냉각수와 기타 물의 관로는 얼지 않도록 계속 흐르게 해야 할 경우를 제외하면 사용하지 않을 때는 _____ 한다.

179 전기는 사용하지 않을 때 _____ 한다.

180 정유공장에서 공기, 물, 전기 및 기타 동력들이 낭비되는 경우는 수백 가지가 있다.
"사용되고 있지 않으면 _____ 한다".

178. 꺼야   179. 꺼야   180. 꺼야

7. 예방 보전(Preventive Maintenance)

181 장치의 소홀한 정비는 수리와 교체에 돈을 낭비하게 한다. "절름거리는" 장치는 그것을 움직이는 데 조업원의 노력과 _____을 너무 많이 빼앗는다.

182 펌프의 베어링에 충분한 윤활유를 치지 않으면 얼어붙고 그 펌프는 _____하기 위하여 가동 정지되어야 한다.

183 원심 펌프는 펌핑되는 액체에 의해서 부분적으로 윤활이 된다. 만일 원심 펌프가 마중물(Priming)을 잃으면 액체가 통과하지 못하고 _____의 부족으로 심한 피해를 입게 된다.

184 신품 일반용 펌프 한 대의 값은 1,500불에서 2,500불이고 뜨거운 기름용 특수 펌프는 더욱 비싸서 8,000불까지 한다.
건조된 상태로 원심 펌프를 돌리면 파손이 되고 수리를 하거나 새로운 _____가 필요하게 된다.

185 비록 파손된 펌프의 교체는 필요없다 하더라도 단지 _____하는 데만 150불에서 300불의 비용이 든다.

186 만일 펌프가 너무 자주 마중물이 필요하다고 하면 _____ 없이 조업되어 파손되기 전에 수리를 위하여 가동 정지되어야 한다.

---

181. 시간 182. 수리 또는 교체 183. 윤활 184. 펌프 185. 수리
186. 액체 또는 마중물 또는 윤활유

187 펌프를 아는 조업원은 그것이 정상적으로 조업되고 있지 않을 때를 아는 유일한 사람이다.
사고의 첫 징조를 보고 자기 일을 진지하게 하는 사람은 펌프를 바로잡거나 바로 잡을 수 있는 사람에게 _____ 한다.

188 수증기 터빈의 수리도 주도 면밀한 조업원에 의해서 줄일 수 있다. 터빈의 고속 때문에 _____ 의 부족은 순식간에 베어링을 태운다.

189 비록 약간 마모된 터빈 베어링 하나라도 알아채기에 충분한 진동을 일으킬 수 있다.
터빈 조업원은 다른 방법으로 베어링의 마모를 찾아내기 전에 가끔 _____ 을 들을 수 있다.

190 주의깊은 조업원은 터빈에서 이상한 소리를 들을 때 대기 터빈이 그 터빈의 일을 대신하자마자 터빈을 _____ 시킨다.

191 재빠른 조치를 취함으로써 500불 내지 1,500불의 새로운 회전자의 비용이나 더 나아가서는 4,500불짜리 전체 새 _____ 의 비용을 절약할 수 있다.

192 회전자는 터빈이 사용되지 않을 때 부식을 방지하기 위하여 산소와 습기로부터 보호되어야 한다.
터빈 덮개 속에 수증기를 남겨둠으로써 부식은 감소시킬 수 있다.
그것은 공기를 배제하고 회전자를 _____ 로부터 보호한다.

193 부식은 터빈을 완전히 배수시키고 차단함으로써 감소시킬 수 있다. 그렇게 하면 물이 배제되고 회전자를 _____ 로부터 보호한다.

---

187. 보고   188. 윤활유   189. 진동   190. 정지   191. 터빈   192. 산소
193. 습기

194 습기는 공기 중의 산소와 함께 작용하여 녹 또는 부식을 만들기 때문에, 어느 한 가지 요인만 제거하면 새로운 _____로 교환하는 큰 비용을 절약할 수 있다.

195 사고 없는 장치의 조업은 _____의 주의력에 주로 달려 있다.

196 정비에 주의를 기울이고 올바른 가동과 가동 정지 절차를 따르는 조업원은 그의 장치를 _____ 효율로 항상 조업해야 한다.

197 1불의 원가 절약은 판매에서 9불을 벌어오는 만큼의 가치가 있다. 훌륭한 조업원은 원가면에서 하루에 20불까지 절약할 수 있다.
일년이면 하루 20불의 원가 절약은 판매에서의 (6,500불/65,000불)만큼의 가치가 있다.

---

194. 회전자 195. 조업원 196. 최고 197. 65,000불

중화학공업기술교재 9

공정 관리 시험·원가 절감

1판 1쇄 발행	1979. 10. 30.
2판 2쇄 발행	1995. 5. 20.
2판 3쇄 발행	2000. 1. 20.
2판 4쇄 발행	2005. 6. 10.
2판 5쇄 발행	2007. 1. 10.
2판 6쇄 발행	2012. 1. 1.
3판 1쇄 개정판 발행	2015. 5. 30.

엮은이 : 산업훈련기술교재편찬회
펴낸이 : 박　　용
펴낸곳 : 도서출판 세화
주　소 : 경기도 파주시 회동길 325-22(서패동 469-2)
영업부 : (02)719-3142, (031)955-9331~2
편집부 : (031)955-9333
F A X : (02)719-3146, (031)955-9334
등　록 : 1978. 12. 26 (제 1-338호)

※ 파손된 책은 교환하여 드립니다.
ISBN 978-89-317-0801-1　13570

정가 **10,000**원